软件工程技术丛书

# 创建虚拟原型软件项目

## 方法与实践

[美] 道格拉斯·E. 波斯特 理查德·P. 肯德尔 著
(Douglass E. Post) (Richard P. Kendall)

聂长海 译

# Creating and Using Virtual Prototyping Software

## Principles and Practices

**图书在版编目（CIP）数据**

创建虚拟原型软件项目：方法与实践 /（美）道格拉斯・E. 波斯特（Douglass E. Post），（美）理查德・P. 肯德尔（Richard P. Kendall）著；聂长海译．—北京：机械工业出版社，2023.6

（软件工程技术丛书）

书名原文：Creating and Using Virtual Prototyping Software: Principles and Practices

ISBN 978-7-111-73049-1

Ⅰ. ①创…　Ⅱ. ①道…②理…③聂…　Ⅲ. ①软件工程　Ⅳ. ① TP311.5

中国国家版本馆 CIP 数据核字（2023）第 071688 号

机械工业出版社（北京市百万庄大街 22 号　邮政编码 100037）
策划编辑：王　颖　　　　　责任编辑：王　颖
责任校对：牟丽英　周伟伟　　责任印制：张　博
保定市中画美凯印刷有限公司印刷
2023 年 7 月第 1 版第 1 次印刷
186mm × 240mm・12.75 印张・259 千字
标准书号：ISBN 978-7-111-73049-1
定价：79.00 元

电话服务　　　　　　　网络服务

客服电话：010-88361066　机　工　官　网：www.cmpbook.com
　　　　　010-88379833　机　工　官　博：weibo.com/cmp1952
　　　　　010-68326294　金　　书　　网：www.golden-book.com
**封底无防伪标均为盗版**　机工教育服务网：www.cmpedu.com

# 译 者 序

模型是人们认识世界、改造世界的工具和载体，随着计算机技术的发展和应用，出现了新一代数字模型——仿真技术和数字孪生，给人们的教学、科研和生产实践带来了前所未有的便利。虚拟原型软件是一种非常重要的数字模型，可以为教育培训、科学研究、产品设计和工程开发提供支撑。最近几年热起来的元宇宙则更是大数据、云计算、人工智能、区块链和虚拟现实等计算机软硬件新技术综合发展和应用的产物，实现了现实世界和数字世界的完美对接。

美国卡内基－梅隆大学软件工程研究所的首席研究员、美国国防部高性能计算现代化项目（HPCMP）的首席科学家 Douglass E. Post 博士和 HPCMP 的软件工程顾问 Richard P. Kendall 博士潜心撰写的本书系统总结了他们在虚拟原型软件领域 50 多年的项目实践经验和认识，介绍了“开发基于物理学的产品开发软件”的软件项目方法和实践。本书对任何试图使用基于物理学的建模和仿真进行产品开发或科学研究的组织都具有重要的指导意义。

面对我国芯片和软件等领域被“卡脖子”的问题，科研机构、企业和高校需要潜心积累，全面夯实可能影响我国科技发展的各项基础，特别是在我国高校的计算机相关专业，有特长的青年教师在完成科研和教学任务的同时，应该持续地聚焦专业领域软件开发与创新。全社会应该有一种自主研发、自主创新的氛围，在学习并借鉴国外先进思想和经验的同时，建设具有自主知识产权的软硬件系统。

虚拟原型是通过开发虚拟模型原型来研究感兴趣的系统。在虚拟原型中，准确预测全尺寸系统性能成为可能。对于许多应用来说，这种基于计算的产品开发模式比基于实验的方法更快、更便宜、更灵活，特别是在天气预测、计算化学、地震、天体物理学、宇宙学、受控核聚变以及核武器和常规武器的设计等领域。虚拟原型汇聚了领域知识和计算机软硬件技术，其应用对教育培训、科学研究和工程设计将发挥重要的推动作用，应该是我们大力发展的新方向。

感谢国家自然科学基金委员会资助的自然科学基金项目“智能软件测试的若

干关键问题研究”（项目编号：62072226），虚拟原型软件将来一定是智能软件的一种重要形式，要做好关于智能软件测试这个研究项目，深入研究创建虚拟原型软件项目的方法与实践是必不可少的，这也是我翻译这本著作的重要动力。

聂长海

南京大学计算机科学与技术系

南京大学软件新技术国家重点实验室

南京大学仙林校区

# 前　　言

## 为什么写这本书

本书的目的是为那些希望获得或开发软件的工程师和科研人员提供指导，以通过虚拟原型提高其工程和科学研究组织的竞争力。在产品开发过程中，虚拟原型取代了物理原型。它是计算机辅助设计的延伸，使产品开发人员不仅能够可视化产品设计，而且能够在产品制造之前，使用基于物理学的软件工具准确预测其性能。当应用于天气等自然系统时，它可以使行为预测达到前所未有的精度。

工程设计和科学研究总是涉及对新产品或研究目标的抽象工作。对于复杂产品的开发来说，抽象可能始于对新产品的心理想象，然后转化为图纸或物理模型。对于科学研究来说，抽象可能是对实验结果的期望或对自然现象的观察。随着科学和技术从古至今的发展，抽象概念的作用已经大大增加。

在过去50年左右的时间里，这一进展急剧加快。计算能力从第二次世界大战结束时的1FLOPS激增到今天的$10^{17}$FLOPS。这几乎与计算能力的惊人增长一样引人注目。现在可以使用计算机来设计和准确预测复杂产品（如超音速喷气式飞机）的行为，并准确预测复杂自然现象（如天气）的变化。

尽管几十年来计算机在产品设计中发挥了重要作用，尤其是在微电子领域，但当前的工程设计方法仍然主要依赖于基于实验的“设计、构建、测试”范式。科学和工程研究是基于理论研究、物理模型和实验的，从桌面规模到超大型实验设施（如高能加速器、大型地面和卫星望远镜）。为了提高组织的竞争力，工程师和研究人员越来越多地转向用计算方法来分析和预测新产品的性能，并进行科学研究。由于引入了多物理场建模软件和高性能计算，这已经变得非常有用。在虚拟原型中，这两种技术的结合使得准确预测全尺寸系统性能成为可能。对于许多应用来说，即使在21世纪初，情况也并非如此。这种计算产品开发模式比基于实验的方法更快、更便宜、更灵活。

计算科学与工程文献中涉及很多术语，包括虚拟原型、数字代理、数字孪生、镜像、模拟和各种同义词。这些术语背后的概念大致相当。我们使用它们来表示物理对象或自然物理系统的基于物理学的数学表示（通常称为**模型**），这些物理对象或系统以数字形式被捕捉，可以帮助预测它们的行为或状态。根据上下文，我们在本书中使用了所有这些术语。例如，虚拟原型化是开发虚拟原型并使用它来研究感兴趣的系统的过程。数字代理是特定产品或自然系统的计算机模型，就像虚拟原型一样。**数字代理**一词通常比**虚拟原型**一词更具持久性。数字孪生是与感兴趣的产品或系统的特定实例相关联的数字代理，它贯穿于产品或系统的整个生命周期。虽然我们没有详细讨论这些概念，但有人已经将它们扩展到了生物系统，包括人类社会、微生物集合和自然生态系统中的捕食行为。

## 历史的视角

虽然实用电子计算机的出现只是近代（自第二次世界大战以来）才发生的，但使用系统的数学抽象来进行设计和预测有很长的历史，可以追溯到巴比伦尼亚的天文学家（公元前 800~ 公元前 400 年）。

巴比伦尼亚的天文学家使用基于经验的数学模型以及他们 400 年来对月亮和行星运动的天文测量来预测天文事件（如日食和行星运动）。类似于现代的数字代理，他们的“模型”被其数据验证。然而，与希腊人不同，巴比伦尼亚人没有关于天体的一般模型的概念。他们的方法纯粹是一种经验性的数学练习，用来预测日食、月相和其他对他们的占星术很重要的事件。他们和许多古代人一样，相信天上的事件是来自神灵的线索，预示着未来地球上的事件。

希腊天文学家克罗狄斯·托勒密（Claudius Ptolemaeus）在埃及亚历山大开发了一个以地球为中心的天空模型（150~170 年）。这是古代虚拟原型非常常见的例子之一：字典意义上的**虚拟**，捕捉系统的本质，但不是系统的外观。大多数字典现在也把**数字**列为**虚拟**的另一种含义。托勒密的模型在他的手稿 *The Almagest* 中有描述。在托勒密地心模型中，球形地球是静止的，固定的恒星、行星、月亮和太阳以各种复杂的轨道（本轮）围绕地球旋转。这是一个非常复杂的模型，也是当时天空最精确的数学模型。直到 16 世纪，随着行星和天文观测的改进，托勒密地心模型变得越来越笨拙。然而，它持续了 1400 多年，直到哥白尼革命（大约1540年），尼古拉·哥白尼发表了日心天体模型。他的继任者（伽利略、开普勒、牛顿、高斯等）点燃了科学革命之火。牛顿是最早认识到物理定律普遍性的人之一。牛顿将他的三个运动定律和万有引力定律应用于天空与微积分（他为此发明了微积分）来预测行星的运动。

在接下来的几个世纪里，其他数学家和科学家开发了基于物理学的数学模型来解释电磁学、流体流动和无数其他物理现象。这些模型的预测最初是通过手工计算的，这严重限制了其准确性和范围。为了进行行星轨道的计算，高斯记住了一个四位数的对数表。在计算机出现之前，计算真实的几何图形和材料的问题对于普通人来说是非常困难的。

虽然天气预报的发展比计算行星运动的方法晚了一点，但到1910年，天气预报的数学计算已相当可靠。高精度的实际天气预报需要计算机的支持，而计算机是20世纪40年代才出现的。数字意义上的虚拟原型在曼哈顿项目和氢弹项目中发挥了重要作用，两者都是（并且仍然是）高性能计算发展的主要驱动力，虚拟原型继续发挥着重要作用。

到20世纪50年代末，计算机开始在一般的科学和工程界得到普及。随着虚拟原型的优势逐渐显现，计算工程和计算科学开始迅速发展。如今，计算科学的各个组成部分（如基于有限元的流体流动求解器）和计算工程软件工具相对成熟。剩下的一个主要前沿领域是大规模、多物理场研究和设计工具的开发与部署，这些工具可以包括所有重要的物理效果，以及真实的几何图形和材料。

## 软件的关键作用

软件应用是工程设计和科学研究能力的一个重要组成部分。在许多方面，它们是关键部分，尽管是最不显眼的。至少现在，计算机是通用的机器，可以用来处理财务问题，创建动画电影，或预测天气。尽管高性能计算机远非如此简单，但所需的计算能力可以从许多云计算供应商那里购买，不需要自己拥有这些计算能力和达到计算能力的网络。因此，计算已经成为一种商品。对于那些想要拥有和运营自己的计算设施的组织来说，大量的供应商专门负责建立计算机中心，并为其运营提供支持。许多好的工程和科学软件包可以从商业供应商和其他来源获得，但许多应用的软件需求是独特的，无法从市场上获得。

使用虚拟原型范式开发的软件更是如此。这种软件还不是一种商品，特别是在多尺度、多物理场、高性能计算、系统体系的层面。我们之所以要写这本书，是因为要获得和使用正确的软件工具来成功地实现虚拟原型范式可能很困难。在后面的章节中，我们将分享我们在启动和执行“计算研究工程采办工具和环境”（Computational Research and Engineering Acquisition Tools and Environments，CREATE）项目中的经验与教训。其中一位作者（Post）发起并领导了CREATE项目12年，另一位作者（Kendall）自2007年以来一直是CREATE项目团队的高级成员。CREATE是由美国国防部（DoD）高性能计算现代化项目（High Performance Computing Modernization Program，HPCMP）于2006年发起的，旨在向美国国防部采购界引入虚拟原型范式。CREATE项目的一个目标是开发、部署和维持一套11个基于物理学的高性能计算软件工具，用于开发美国国防部飞行器、海军舰艇、地面车辆和雷达天线的数字代理。另一个目标是为美国国防部高性能计算界开发自己的基于多物理场的工程设计软件提供一个模型。

我们的见解体现在一套软件工程和软件项目管理的方法与实践中，我们发现这些方法与实践在CREATE项目中是成功的。我们在美国国防部、美国能源部（DOE）、美国工业界以及学术界从事计算工程和计算科学工作50多年，这些经验也使我们的见解更加深刻。我们和同事们一起对成功和失败的项目进行了正式、非正式的评估与案例研究，以开发和部署基于物理学的软件，从而用于产品开发和科研，涉及的领域包括天气预测、计算化学、原子和分子物理、石油和天然气生产、地震、天体物理学、宇宙学、等离子体物理、受控核聚变，以及核武器和常规武器的设计。

我们重点描述了我们应对CREATE项目所面临的挑战的方法，任何试图使用基于物理学的建模和仿真进行产品开发或科学研究的组织都会面临类似的挑战。

## 最后说明

这是一本关于创建和管理项目的“操作”书，该项目旨在开发向数字产品设计和性能分析转变所需的软件，而数字产品设计和性能分析是虚拟原型的核心。我们专注于建立和执行一个成功的虚拟原型项目，包括以下主题：

1. 虚拟原型和计算的简史（第 1 章）。

2. 产品开发和科研所需的生态系统（第 2 章）。

3. 虚拟原型软件的成功示例（第 1、5 章）。

4. 在虚拟原型软件的商业采购和内部开发之间进行选择（第 3 章）。

5. 创建虚拟原型软件项目的软件工具（第 4 章）。

6. 管理软件采购和开发中遇到的典型风险（第 3、8、9、10 章）。

7. 保留对虚拟原型软件项目创建的知识产权的控制权（第 3 章）。

8. 确定虚拟原型软件项目需求（第 6、8 章）。

9. 为虚拟原型软件开发提供必要的软件工具和硬件基础设施（第 3、7、8 章）。

10. 向赞助商展示虚拟原型软件项目的价值（第 5 章）。

11. 开发和营销建立虚拟原型软件项目的成功提案（第 6 章）。

12. 创建虚拟原型软件项目（第 7 章）。

13. 虚拟原型软件开发和测试的最佳实践（第 8、9、10 章）。

14. 虚拟原型软件项目的人才（第 11 章）。

15. 工程和科学领域中虚拟原型的机会，以及下一代计算机的结构变化所带来的挑战（第 12 章）。

我们假设本书的读者是专业的研究人员或工程师，他们在基础科学和工程科学的细节方面拥有丰富的技能和经验。数以万计的书籍和论文全面描述了这些主题，通过对软件开发和工程文献的调查，我们发现只有关于“科学研究用软件”的软件工程方法与实践的书，而几乎没有关于“创建虚拟原型软件项目”的软件工程方法与实践的书，我们提供这本书来帮助填补这一空白。

# 目　　录

第1章
Chapter 1

# 虚拟原型范式

几乎所有成熟的组织都会遇到这样一个时期：一直以来开发产品或进行科学研究的方式不再具有竞争力。那些幸存下来（并茁壮成长）的组织找到了新的、更好的运作方式。在本章中，我们描述虚拟原型范式，它提供了一种开发产品和进行研究的更好的方式。

## 1.1 新产品开发范式

自1945年第二次世界大战结束以来，计算能力成倍增长，从约1次浮点运算每秒（FLoating-point Operation Per Second，FLOPS）到超过$10^{17}$ FLOPS（Strohmaier 2015）。存储、访问、分发和共享数据的能力也随之增加。这些技术使工程师和科研人员能够利用计算机在工程和科学领域取得革命性的进展。

计算能力爆炸性增长的一个后果是，源于19世纪工业革命的基于实验的"设计、建造、测试、迭代"模式（Post 2014），在现代世界的许多复杂产品的设计和制造中已不再具有竞争力。工程师正在使用复杂产品的虚拟原型来大大减少开发产品的风险、缩短时间和降低成本，同时也提高了产品的性能和质量。例子包括从高尔夫球杆和汽车轮胎的设计，到汽车碰撞的分析，海军舰艇、商业和军用飞机以及火箭发动机的设计和性能预测。原型也经常被称为"数字模型"或"数字代理"（Forrester 2008和Saddik 2018）。这些不同的术语经常被作为同义词使用，然而，根据最终的设计和软件能力，可能有许多不同的虚拟原型，但可能只存在少数数字代理。

科研人员正在使用数字代理进行新的、开创性的基础科学研究，这在仅基于物理实验的传统方法中是不可能做到的。在科学研究领域，虚拟代理在理解超新星爆炸、预测天气和设计新材料方面起着关键作用（Council 2010 和 Dongarra et al. 2003）。

## 1.2 计算工程和虚拟原型

工程可定义如下：

> 运用科学和数学来设计、建造或制造物理系统。

计算工程是经典工程的延伸，它使得从物理原型到虚拟原型的转变成为可能。计算工程补充了：

> 数字模型和仿真，通常与高性能计算相结合，用于解决工程分析和设计中出现的复杂物理问题。

传统的工程产品设计涉及四个步骤的重复迭代：①需求和概念设计，②详细设计，③物理原型的构建，④物理原型的实验测试。图 1.1 描述了这个过程。设计分析最初是使用手工计算和启发法，然后是使用计算器，最近是使用计算机（Consortium 2015 和 Paquin 2014）。

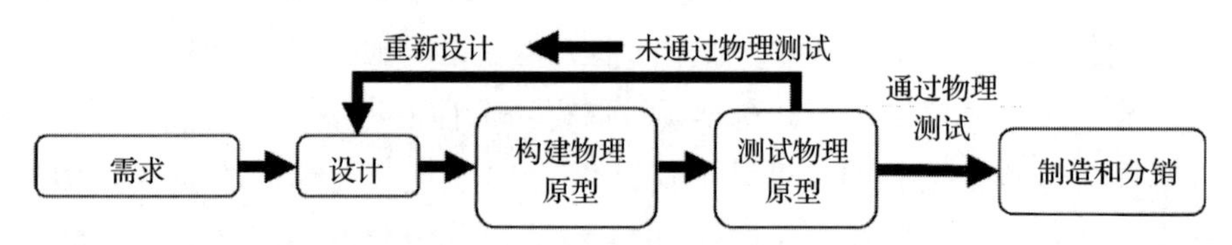


图 1.1 基于物理原型的传统工程产品开发过程
（由软件工程研究所提供）

如果实验物理原型测试成功，产品将继续生产。对制造的产品进行实验测试，以确定它是否符合要求。

制造过程由工程图纸指导，工程图纸可以是数字、纸质文件，甚至可能是产品的物理模型。

计算工程利用计算机来补充甚至用虚拟原型来取代物理原型的使用，以开发复杂产品（Consortium 2015、Post 2015 和 Post 2009）。图 1.2 说明了这一过程。虚拟原型的起点可以从二维 CAD 图纸到产品几何图形的三维非均匀有理 B 样条曲线（Non-Uniform Rational B-Spline，NURBS）描述，包括完整描述产品及其属性所需的所有相关元数据。后者被称为数字产品模型。它还可以包括设计过程的历史、产品设计分析的完整记录，以及开始产品制造所需的数据。

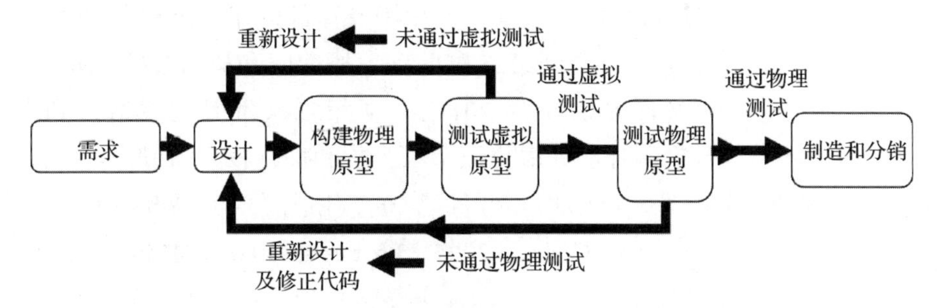


图 1.2 基于虚拟原型的计算工程产品开发过程

（由软件工程研究所提供）

图 1.3 比较了这两种方法。

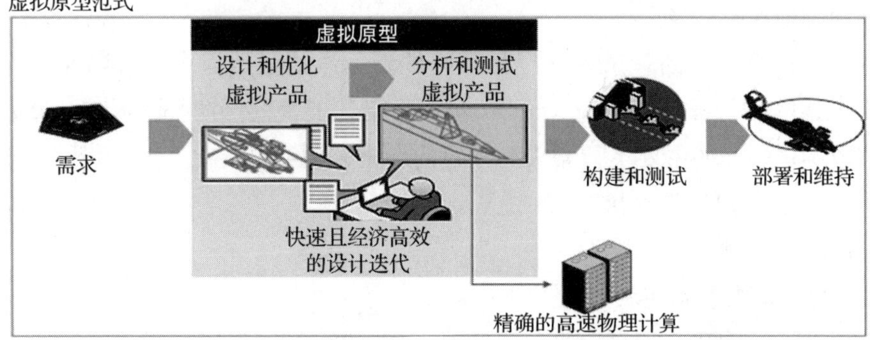


图 1.3 历史经验迭代“设计、构建、测试”范式和虚拟原型范式的比较

（由软件工程研究所提供）

通过“虚拟”测试是什么意思？第 10 章将详细讨论这个问题。然而，请记

住，大自然总是投下最终的一票。它的物理定律使我们能够在建立产品的物理原型和测试之前预测它的“投票”。随着我们的理解和经验的增长，对物理确认的需求也在减少。

虽然计算工程的广泛应用相对较新，但使用计算机设计和分析产品性能，或至少分析产品的组件，可以追溯到第二次世界大战期间和战后曼哈顿项目的早期（Dyson 2012、Ford 2015 和 Atomic 2014）。从第二次世界大战结束到现在，美国能源部核武器实验室一直依靠虚拟原型来维护和优化核武器的设计（Energy 2019）。当高性能计算机普遍可用时（20 世纪 60 年代以后），行业和政府开始使用它来开发新的、更复杂的产品（Council 2005、Post et al. 2016 和 Paquin 2014）。

最近，计算工程（和科学）的概念和能力已被扩展到包括产品开发和科研的整个过程。这用数字工程和数字线程等术语来表达（Fei Tao 2019 和 Kraft 2016）。从数字产品模型开始，整个产品生命周期中的人工制品（代理和设计元数据，以及维护和运行历史）作为数字线程被连接在一起。

计算工程扩展了经典的工程方法，利用软件和计算机对决定产品行为或性能的影响进行建模，然后再进行生产。只有在过去的十年里，高性能计算机才达到了 P（拍）B 级的能力（$10^{15}$ FLOPS），以处理非常复杂的产品（如飞机和船舶）设计的所有相关方面。然而，即使是高性能的计算机工作站通常也可以设计和测试较小、较简单的产品。计算工程的效用并不限于设计复杂的机器，如飞机。它也被用于设计消费产品，如自行车、高尔夫球杆、漂白剂和洗涤剂瓶子，甚至人工髋关节和其他医疗设备。

对基于计算工程的复杂系统产品开发的新方法的强烈需求，可以通过哈德逊研究所最近的一份报告（Greenwalt 2021）中描述的美国国防部（DoD）最近的三个价值数十亿美元的主要飞行器采购项目的历史来说明：

- F-35 联合攻击战斗机
- F-22“猛禽”隐形战斗机
- V22“鱼鹰”倾转旋翼机

按照设计、构建、测试、重复（见图 1.1）的方法，开发和测试这三种飞机的物理原型，美国国防部的承包商需要在项目开始（签订合同）20 多年后才能向美国国防部提供完全可操作的飞机。在 1975 年，只需要大约 5 年时间。联合攻击战斗机（F-35）项目开始于 1996 年。15 年后的 2011 年，第一架可完全投入使用的 F-35 被交付（F-35 2021）。从项目开始到被美国空军接受，成本几乎翻了一番

（Wheeler 2012）。如果不改进飞机采购方法，美国将继续花费更长的时间来开发新飞机。F-22 项目大约始于 1986 年。第一架完全投入使用的飞机是在 2005 年交付的，即将近 20 年之后（F-22 2021）。美国国防部最终购买的 F-22 战斗机的数量从 750 架下降到 183 架，原因是每架飞机的价格增加和项目的延迟（Ritsick 2020）。每架 F-22 战斗机的最终成本为 3.4 亿美元。V-22“鱼鹰”倾转旋翼机项目大约在 1983 年开始，第一架具备完全作战能力的飞机在 2005 年交付，超过了 20 年（V-22 2021）。

1975 年之前，美国国防部的国防承包商开发和交付新飞机的时间一般在 5 至 7 年。洛克希德 F-117 夜鹰隐形轰炸机项目、通用动力 F-16 战斗猎鹰和麦道 F/A-18 大黄蜂于 20 世纪 70 年代开始，并在 5 至 6 年内交付。始于 1967 年的麦道 F-15 鹰于 1976 年交付，9 年后交付。

其他类型的复杂飞机在开发时间上没有经历过这种程度的增加。在这期间（1967 ～ 2011 年），新的商业飞机，如波音 737（1967 年交付）、波音 767（1982 年）和波音 787（2011 年）的上市时间只增加了 2 年，从 5 年到 7 年。同样，新的汽车和卡车模型的上市时间一直保持在 4 到 6 年。商业飞机以及汽车和卡车相当复杂，有大量的嵌入式软件、高可靠性要求，以及强大的成本限制（Greenwalt 2021）。

固特异轮胎和橡胶公司最近提供了一个令人信服的例子，说明计算工程对于缩短“上市时间”的好处。面对来自欧洲（米其林）和日本（普利司通）的激烈竞争，固特异在 1992 年决定开发基于物理学的轮胎设计软件（此后我们经常称之为工具）。固特异与桑迪亚国家实验室进行了持续的合作，将其在轮胎及其材料方面的知识与桑迪亚在大规模并行计算机的有限元算法方面的知识相结合，以开发这种能力。2003 年，固特异利用轮胎设计工具将其上市时间缩短到原来的 1/4（Miller 2010、Miller 2017 和 Council 2009）。利用轮胎设计工具，设计人员能够生成和分析更多的设计方案，这也使固特异增加了每年的新产品数量，从 10 个增加到 60 个。固特异的年度报告开始提到“新产品 / 创新引擎”。这个故事在很多行业都在重复，比如福特汽车（Kochhar 2010）、惠而浦冰箱（Gielda 2009），以及宝洁公司的洗发水和洗手液（Lange 2009）。

如今，虚拟原型的使用可以补充甚至在某些情况下取代物理原型的使用（Post 2015）。首先，设计工程师可以在设计选项交易空间（tradespace）中构建和存储数千甚至数百万个潜在产品的三维虚拟原型。每个虚拟原型的性能和行为可以使用基于简化物理学的软件快速评估，进一步的分析可以确定最有前途的设计方案。

然后，可以使用更复杂的高保真计算分析工具来准确预测其性能。最后，如果需要的话，最终设计的物理原型可以在制造前进行构建和测试，以进行设计的最终验证。

另外，虚拟原型还可以大大加速产品的创新。最终的设计决定可以推迟到设计过程的后期，这时通过对候选设计的虚拟测试可以获得更多的信息。通常情况下，使用虚拟原型比使用物理原型更快、更便宜。虚拟原型使设计者有可能通过开发和测试更大的设计交易空间来学习。固特异公司利用虚拟原型技术将其创新率提高了 5 倍，从每年 10 条新轮胎提高到每年 60 条新轮胎。虚拟原型技术使该公司能够在失败中迅速学习，这与硅谷的口号相似（Petroski 2006 和 Post 2017）。

许多研究（Augustine 2007、Oden 2006 和 Glotzer 2009）都强调，如果美国工业在使用计算工程方面落后于其他国家，美国的国际竞争力将面临挑战。美国工业界和美国国防部的高级领导人普遍承认（Cordell 2018），为了保持竞争力，美国工业界和美国政府及其承包商必须在生产高质量、有市场价值的产品的同时，缩短上市时间、降低成本和风险。

## 1.3　计算科学和数字代理

科学的定义如下：

> 对自然界的系统研究，以确定一般规律和原理。

计算科学的定义如下：

> 利用计算机、模型和仿真来对自然现象定量理解。

科学研究通常包括四个要素（见表 1.1）。

表 1.1　科学研究的四个要素

| 序号 | 要素 |
|---|---|
| 1 | 对自然系统的**观察** |
| 2 | 对真实系统或系统模型的**控制性实验** |
| 3 | 发展自然系统行为的**数学理论** |
| 4 | 根据数学理论和在自然系统的观察中训练的机器学习算法，对系统行为进行**预测** |

前三个要素是反复进行的，可以以任何顺序出现。然而，预测需要一个模型以

及具有足够精度和广度的数据。图 1.4 说明了基于这四个要素的计算科学研究过程。

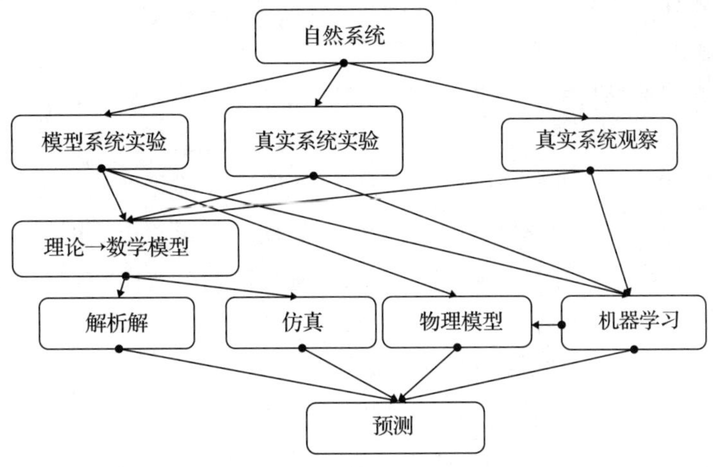


图 1.4 计算科学研究过程示意图
(由软件工程研究所提供)

计算科学已经加入了实验和理论的行列，成为支撑科学进步的第三条“腿”。

今天，对自然现象（如陆地和空间天气、行星系统、化学反应、基因进化、地质现象、火灾以及其他数百种现象）的观察，越来越依赖于对极其庞大的数据集的收集和分析。一般来说，理解和预测这些自然事件的后果需要复杂的、非线性的数学模型，而这些模型只有通过计算机才能获得。此外，通用图形处理单元（General-Purpose Graphical Processing Unit，GPGPU）和其他为快速处理流媒体数据流而优化的加速器芯片的最新进展，以及多层神经网络计算软件的发展，使得分析非常大的数据集（许多百万级元素）成为可能（Krizhevsky 2012 和 Rumelhart 1986）。再加上来自数百个不同种类的传感器（照相机、麦克风、压力传感器、磁力传感器等）的数据爆炸，计算机可以使用各种机器学习算法对来自自然系统观察以及真实和模型系统实验的大量数据集进行训练。这开启了人工智能的革命，可以补充基于物理学的算法。

调查自然系统的行为主要是分析和开发感兴趣的自然系统的数字模型。这些模型作为实际自然系统的数字代理。这种方法对科研人员几乎无能为力的自然系统（如天气、气候、恒星的形成和演变）特别有用。科研人员可以通过在计算中插入不同的物理模型来进行受控的虚拟实验，看看哪些物理模型和初始条件集与观察到的数据最匹配。然后，最好的物理学模型可以用来预测系统的未来行为。使用模型研究自然系统的一个关键优势是，通常可以研究一个虚拟系统内部组件的行为细节。这对于许多非常有趣的真实系统（如超新星、太阳内部，甚至大型天气系统）来说，往往非常困难或不可能做到。

计算工程和计算科学之间的一个关键区别是目标和方法。计算工程的目标是设计特定的、复杂的产品。软件应用是开发和设计的工具。软件应用中的所有物理学和解决方案算法都是已知的，经过验证、确认和认可的。计算的结果就是产品的设计。与此相反，计算科学的主要目标是发现知识。仿真的目的是在一组候选的物理或其他科学模型中，确定哪一个最适合观测或实验数据。如果没有一个模型适合，就需要新的模型。

这就是目前天体物理学的情况。现在认为宇宙的组成中，5% 是普通物质和能量，27% 是未知类型的物质，称为暗物质（因为我们看不到它）（Trimble 1987），68% 是未知形式的能量，称为暗能量，我们也看不到（Frieman 2008）。暗物质的证据是需要暗物质来解释为什么螺旋星系不会飞散而只是旋转。暗能量的证据是需要它来解释为什么宇宙在不断地膨胀，而不是像宇宙中观察到的物质（和暗物质）的引力所预期的那样不断地缩小。证明暗物质和暗能量存在的证据是间接的，部分是基于已知的物理学模型未能解释前面描述的观察结果。我们对宇宙中 95% 的物质和能量缺乏任何基本了解，这使得暗物质和暗能量成为当前科学调查和研究的主要焦点。

天气预报（气象学）是一个成功应用计算科学研究项目的很好的例子，该项目基于复杂自然系统的数字代理。天气预报科学大约始于 1860 年，当时罗伯特·菲茨罗伊上将建立了英国气象局（Blum 2019）。在职业生涯的早期，菲茨罗伊是英国皇家海军“小猎犬号”的船长，他率领船队和博物学家查尔斯·达尔文对南美洲南部进行了一次调查（1831 ～ 1836 年）。菲茨罗伊根据发送给他的在英国附近的各种迎风报告站（尤其是在西部和北部海岸的报告站）的电报数据预测天气。19 世纪后半叶和 20 世纪上半叶，虽然人们掌握了更多的气象学理论知识（Fleming 2016 和 Sawyer 1962），但仍然采用菲茨罗伊收集和分析迎风天气数据（例如，气温、气压、湿度、风速和风向，以及降水量）的方法预测天气。由于第二次世界大战结束后计算机性能呈指数级增长，加上更广泛、更完整的数据收集和分析，天气的预测在 20 世纪后半叶开始得到更快的改善。“现代 72 小时飓风路径预测比 40 年前的 24 小时预测更准确”（Alley 2019）。Alley 和他的合作者将今天的准确性归功于计算能力的提高、对主要物理效应的更好理解、更好的数据收集和更好的计算技术。

计算技术也被证明对软科学有用，软科学涉及生命系统（动物、人、微生物等）与自然界之间的复杂交互，其中包括生物学（医学、流行病学、遗传学等）、军事战略和战争演习、社会和政治行为、生态学、经济学、金融学、商业规划和许多其他复杂系统。运动队甚至正在为运动员构建数字孪生，以跟踪他们的身体状况并预测他们的表现（Siegele 2020）。

## 1.4 计算生态系统

虚拟原型需要一个计算生态系统，其 6 个组成组件见表 1.2。

表 1.2　计算生态系统的 6 个组成组件

| 通用组件 | 独特组件 |
| --- | --- |
| 计算机 | 经验丰富、技术熟练的专业人员 |
| 计算机网络 | 测试和测试数据 |
| 数据存储 | 应用软件（如果要开发软件，包括开发人员和用户支持人员） |

图 1.5 展示了美国国防部高性能计算现代化项目（HPCMP）的生态系统示例。下一章将更详细地讨论这些组件。

HPCMP 生态系统同时支持产品开发和科研，它包括安全的、类似云的高性能计算和网络资源，以及各种软件应用，包括 CREATE 系列的虚拟原型软件应用。这个生态系统的产出是经过虚拟测试的飞行器、地面车辆、船舶和天线设计，以及针对美国国防部问题的科研成果。

尽管计算机、计算机网络和数据存储能力处于技术前沿，但它们主要是通用的商品技术，可从商业供应商那里获得，同时还可以获得支持性服务（例如，云和商业通信网络）。对具有相关工程和科学学科技能的劳动力的需求是显而易见的。各组织已经拥有了所需要的大部分劳动力，以使用计算机进行设计或研究。

获得所需的软件应用程序与获得计算机、通信网络、数据处理能力甚至有能力的工程人员相比，是一个根本性的挑战。重要的是要认识到，技术软件与硬件不一样。它不是一种商品，也不是通用的。几乎所有的技术软件应用都是为一组特定的技术问题开发的。用来计算气流穿过飞机机翼的影响的软件不能用来确定天线的性能。工程和科学软件是基于科学规律（物理学、化学等）的。能够解决复杂技术问题的软件，至少和问题一样复杂。案例研究表明，开发一个好的多物理场工程或科学软件应用程序一般需要 5 ～ 10 年（Post 2004）。在工程和科学软件应用程序的重要要求中，排在首位的是准确性。我们的意思是，该软件必须足够准确，以支持其潜在的用途。验证测试，包括软件预测与实验测试数据的比较，是证明准确性的关键。

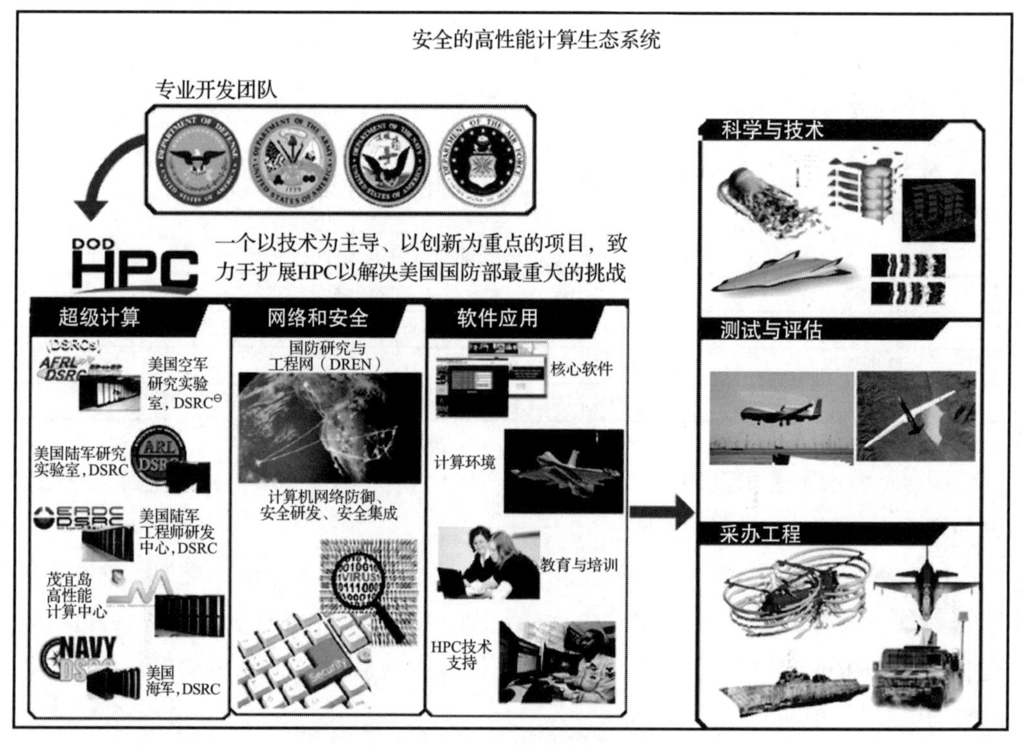


图 1.5　HPCMP 的生态系统
（由美国国防部 HPCMP 提供）

对于许多设计和分析任务，产品开发组织可以从独立软件供应商（Independent Software Vendor，ISV）那里获得应用软件。竞争优势从软件转移到对软件的有效使用。如果商业软件产品能够满足一个组织的需求，授权就会很有吸引力。然而，市面上的软件可能无法满足特定产品的开发需求。关键的功能可能缺失，重要效应的算法可能不够准确。在这种情况下，可能有必要开发所需的软件应用。在开

⊖ DSRC 是美国国防部超级计算资源中心的缩写。——译者注

发多物理场仿真所需的 5 ～ 10 年之后，该软件将需要在全部时间内持续提供支持。本书重点介绍从开发和部署此类软件的真实项目实例中获得的经验教训。

科学研究组织在开发和部署科学研究软件方面面临着类似的挑战。除非其他研究组织已经开发了符合研究组织需求的软件，并且愿意分享，否则每个组织都需要开发自己的软件。即使有外部开发的软件，也可能需要进行大量的修改和未来开发，以满足不断变化的需求。

在产品开发和研究方面，开发大规模科学软件应用程序时，关于成功的软件工程以及项目管理方法与实践的有用的、可操作的信息非常缺乏。证据表明，许多此类项目要么无法实现其目标，要么完全失败（Ewusi-Mensah 2003、Glass 1998 和 Gorman 2006）。本书的目的就是满足这一需求。

## 1.5 高性能计算机：使能技术

计算工程和科学的主要驱动力是第二次世界大战结束以来计算机性能的指数级增长：17 个数量级。我们不知道还有什么技术进步能达到这样的程度。

**人类技术能力的两次历史性增长**

- 爆炸力从美国内战时的几磅[㊀]黑火药，到 1961 年苏联测试的 50 兆吨氢弹——爆炸力净增约 $2 \times 10^{13}$ 倍
- 人类主导的旅行速度在几百万年内持续增加约 $3 \times 10^4$ 倍
  - 人类行走：2 ～ 4mile[㊁]/h
  - 马匹旅行：30mile/h
  - 铁路旅行：50 ～ 400mile/h
  - 民用喷气式飞机旅行：高达 2200mile/h
  - 前往冥王星的新地平线任务：50 000mile/h

世界上只有几十台超级计算机具有接近 exascale 的性能（$10^{18}$ FLOPS），而且只有世界上最大的研究和工程设施中的少数工程师与科研人员能够使用这些计算

㊀ 1lb ≈ 0.453kg。

㊁ 1mile = 1609.344m。

机。然而，在美国、欧洲和亚洲的主要行业、大学和政府实验室的许多科研人员与工程师，现在可以使用处理能力在 PFLOPS（1PFLOPS=$10^{15}$FLOPS）范围内的超级计算机（Strohmaier 2015）。这使他们能够处理并解决科学研究和工程设计的前沿问题。另外，还有成千上万的强大的服务器，以及数以百万计的台式和笔记本计算机，其处理能力在 GFLOPS 到 TFLOPS 之间。这是一个“勇敢的新世界”，没有使用这些技术的行业、大学和政府实验室正开始落后。

## 1.6 全功能虚拟原型

只是在过去十年左右，虚拟原型的全部功能才得以实现。到 2010 年，最快的高性能计算机的处理能力已经达到了对全尺寸、全功能产品以及复杂自然系统的未来性能和行为进行准确预测的水平。前一代的数字代理往往缺乏足够的分辨率，无法包括准确预测所需的所有重要物理学。部署高分辨率、多物理场、系统体系软件的能力使全功能的产品设计成为可能。

全功能、基于物理学的高性能计算软件应用的属性：

- 包括决定系统性能和行为的所有主要物理效应。
- 能够设计和生成全尺寸系统的复杂、多维（三维）数字产品模型，而不仅仅是组件。
- 支持捕捉细节所需的高分辨率计算。
- 使用高度精确的数学和计算解决方案算法。
- 通过与详细、准确的实验测试数据进行比较，可以证明软件应用程序预测能力的有效性。
- 可以预测复杂的全尺寸系统（例如，整艘船、飞机或行星天气系统）的性能和行为。
- 能够量化预测的不确定性。
- 可以在几分钟到几小时内完成高保真、时间相关、多维、多物理场计算，以提供及时的结果（与 1998 年的几个月到几年相比）。

这些新功能的一个巨大优势是，使工业、学术和政府组织能够在一个软件应用程序中收集和整合其过去最重要、最有洞察力的企业知识与经验及其新研究知识。有经验的工程师可以立即使用该软件应用程序来开发基于这些知识的设计。

在过去，由于以下限制，政府、学术和工业研究项目的许多最有希望的结果往往没有成功转化为实际产品或应用：

- 缺乏转化路径
- 很难让设计界接受和认可
- 开发和测试原型的资金障碍
- 来自其他有前途的研究成果的竞争

在美国国防部，未能从研究过渡到实际产品的概念会陷入所谓的“死亡之谷”（Montgomery 2010）。计算工程可以通过提供研究的实际应用路径来帮助弥合这一鸿沟（见图 1.6）。

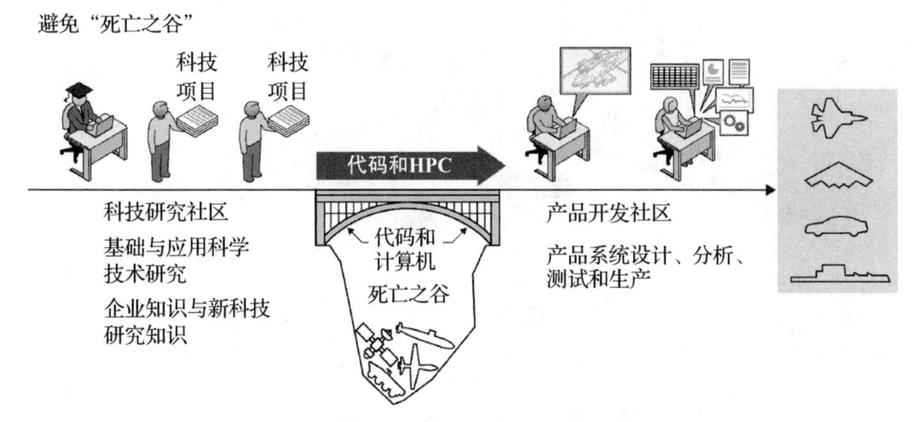


图 1.6 基于物理学的高性能计算软件可以提供从科学技术发现过渡到设计和生产真实系统的手段，从而跨越“死亡之谷”
（由 CMU 软件工程研究所提供）

## 1.7 系统体系虚拟原型的优势

构建和分析虚拟原型是分析系统行为的一种强大的方法。一个主要的优点是，它迫使工程师或科研人员解决决定系统行为的所有重要问题，而不仅仅是那些最容易解决的问题。我们用飞机的例子来说明这一点。

### 系统体系：飞机

飞机是一个系统体系的例子。为了准确模拟和预测它们的行为，需要成功地整合所有决定系统性能的关键物理元素。如果软件不能成功地做到这一点，那么它至少缺少所需物理能力的一个关键部分。在实践中，这意味着软件开发者必须建立并实施能够顺利整合所有重要的单个物理效应和操作控制的解决方案算法，CREATE 软件应用之一 Kestrel 说明了这一点（McDaniel 2016 和 McDaniel 2020）。图 1.7 所示为通用商业飞机的主要飞机系统组成和功能。

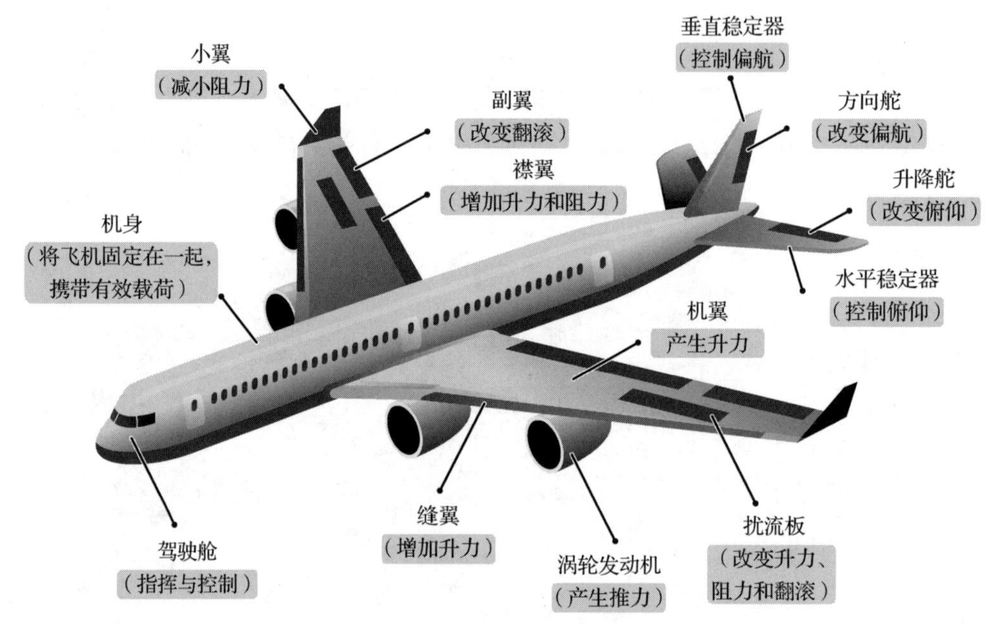


图 1.7　通用商业飞机的主要飞机系统组成和功能
（VectorMine/Shutterstock）

主要的物理效应包括：

- 具有六个自由度的随时间变化的运动（俯仰、偏航、翻滚、涌动、翻腾和摇摆）
- 重力和牛顿运动定律
- 由于空气流过外表面而对飞机结构产生的力
- 飞机结构对力的反应
- 推进系统（喷气发动机或螺旋桨）产生的力
- 空气流对被动和主动控制系统的作用力
- 起落架上的力

Kestrel 的开发是为了顺利地整合所有这些效应，以便能够准确计算亚音速和超音速飞机的飞行。预测的飞行路径和其他性能指标与测量的飞行数据和风洞试验相比也很好。Kestrel 正在被美国海军航空和空军社区（Shafer 2014）以及美国工业界（Stookesberry 2015）广泛使用。Kestrel 包括：

- 六自由度（six Degrees of Freedom，6DoF）算法，用于计算飞机运动，以响应作用在飞机上的力。
- 计算流体动力学求解器，用于计算结构上的气流和合力，包括被动和主动控制系统。
- 计算结构动力学求解器，用于计算结构对气流和其他载荷的响应。
- 用于计算推进系统影响的模型层次，从一维经验模型到涡轮机械模型。
- 能够动态移动主动控制面，并准确计算其对飞行路径的影响和施加在其上的载荷。

用非常简单的术语描述，飞机是在流体（空气）中快速移动的固体物体。其前进运动由推进系统（喷气发动机或螺旋桨）驱动。当飞机移动时，它会将空气推开。飞机（尤其是机翼）周围流动的空气对其结构产生作用力（升力和阻力），使其能够克服重力并飞行（升力）。置换空气和与飞机外表面的摩擦需要能量，从而产生对飞机向前运动的阻力。飞机根据气流、推进系统、被动和主动控制面以及重力，以六个自由度在时间和空间中移动。根据当地条件，气流可能会出现湍流。软件必须能够计算这种复杂的运动。

从图 1.7 可以看出，飞机是高度复杂的系统。主要的外部组件是机身、机翼、发动机、控制面和起落架（未显示）。嵌入机身、机翼、静态控制面（垂直和水平稳定器）和起落架的内部支柱、肋骨等提供了飞机的大部分结构强度。

飞机系统的复杂性很大程度上是由于需要飞行控制。这种商用飞机的表示有 12 个主动控制系统（6 个在右侧，6 个在左侧）和 7 个被动控制系统。一架真正的商用客机可能会有更多控制系统。飞行控制至关重要。莱特兄弟是最早意识到这一点的人，也是最早成功实现动力控制飞行的人。这一发现使人类飞行成为可能。

在外表面以下，现代飞机也是高度复杂的。除了飞机外部的结构支撑外，还有油箱、螺旋桨和喷气发动机、燃料管路、航空电子设备、飞行舱、驾驶舱、货物空间、液压系统、钢缆、电源线、电子电缆、卫生系统和管道、外部和内部传感器、通信系统、雷达系统、气象系统、飞行记录仪、导航系统、通风、紧急氧气、机舱压力系统、机舱门窗、救生筏、救生器，以及无数其他系统。飞机不需要所有这些系统来飞行，但它们都是飞机实现所有操作目标、进行安全飞行的必要条件。

## 1.8 虚拟原型：成功的产品开发和科学研究范式

如前所述，虚拟原型技术有很长的记录，取得了坚实的成就。曼哈顿项目的虚拟原型是第二次世界大战期间至20世纪50年代中期计算机发展的主要动力之一（Ford 2015和Atomic 2014）。曼哈顿项目的科研人员开发了一维虚拟原型，以预测核反应堆和核爆炸物的临界状态以及裂变材料的内爆压缩。第二次世界大战结束后，一些机构继续开发电子计算机，包括普林斯顿高级研究所的约翰·冯·诺依曼等人，他们开发了第一批“现代”计算机（Dyson 2012）。美国洛斯阿拉莫斯、利弗莫尔和桑迪亚国家实验室的核武器项目延续了曼哈顿项目期间开始的工作，率先使用超级计算机成功设计和维持美国的核储备。核试验是昂贵且不受欢迎的，因此用计算机模拟和优化核爆炸具有巨大的优势。与其进行成百上千次真实的核试验，不如只需要几次来校准和确认计算机的预测结果。这些美国能源部（DOE）的实验室仍然是高性能计算硬件和软件的主要用户之一，特别是自1992年9月美国停止进行核试验以来（Energy 2019）。

出于美国国防部在设计和开发新军事平台时遇到的问题，美国国防部部长办公室于2006年启动了一个小型实验项目，以开发和部署一套基于物理学的高性能计算软件应用程序。该项目的目标是确定虚拟原型是否能帮助美国国防部应对设计和生产主要军事系统的挑战，并且比使用物理原型更快、成本更低。除了关于虚拟原型可行性的主要问题外，其他问题还包括：

1）政府和承包商团队能否开发所需的软件？

2）政府和行业团体能否使用该软件来指导成功的复杂军事系统的生产？

CREATE项目提案于2006年年底被批准，以解决这些问题。它由HPCMP执行，于2007年10月1日开始。HPCMP迅速组织了软件应用程序开发团队，建立并部署了12个软件应用程序，用于设计和开发海军舰艇、军用飞机、地面车辆和射频天线，包括开发三维数字产品模型。这些开发团队位于美国国防部的主要实验室和作战中心。在随后的12年中，CREATE项目提供了虚拟原型对复杂产品的开发具有高价值的例子（Post et al. 2016）。CREATE项目软件工具现在被2000多名采购工程师（40%是政府的，50%是工业的，10%是其他部门的）使用，为180多个不同的美国国防部项目做出了贡献。

还有许多体现虚拟原型价值的近期商业实例。固特异轮胎采用虚拟产品开发模式的好处已经讨论过了。固特异的采用过程是渐进的。在过渡到使用轮胎设计软件的过程中，固特异继续为基于物理学的轮胎设计软件生成的最终设计构建物理原型，并在开始制造之前继续测试物理原型轮胎。固特异发现，虚拟轮胎设计非常成功，最终设计和虚拟测试完成后，可以立即开始生产。固特异随后测试了生产的第一批轮胎。设计缺陷很少出现，因此虚拟轮胎设计过程的优势（更快、更便宜，产品创新性更高，设计缺陷更少）超过了偶尔出现缺陷设计的劣势。固特异工程师利用从这些缺陷中吸取的经验教训，改进了轮胎设计软件，降低了未来设计中的缺陷率（Council 2009）。

惠而浦是另一个成功采用虚拟原型范式的公司。惠而浦是世界领先的主要家用电器制造商和营销商（包括惠而浦、美泰克、KitchenAid、Jenn-Air、Amana 和 Brastemp 品牌等）之一。今天的家用电器是高度复杂的产品，它们的设计和制造涉及成本、安全、可靠性、性能、可维护性、效率和便利性的权衡。安全是主要问题。例如，如果洗衣机的门打开时孩子坐在门上面，此时洗衣机绝对不能翻倒。家电市场是国际性的，产品的设计必须适合几乎所有国家的家庭。例如，一个大型的美国冰箱将不适合在一个较小的欧洲或日本公寓中使用。家电市场也是高度竞争的。家电可以在任何地方组装，部件来自全球供应链。惠而浦将家电作为系统体系，包括运输的包装。一台冰箱如果在运输过程中被刮伤或出现凹痕，到达家电商店时就失去了大部分的销售价值。惠而浦对流体流动（水、制冷剂和其他）、气流、热流运输、电器框架和部件的机械强度、电气布局和开关、电动机和泵的性能、振动水平、噪声水平、计算机控制系统和机械平衡进行建模。该公司已经用虚拟原型取代了大部分物理原型。惠而浦全球机械结构和系统工程总监 Tom Gielda（Gielda 2009）说："使用虚拟原型的测试在很大程度上已经取代了物理测试——我们不再使用旧的'加热和拍打'方法。"

汽车公司越来越多地用虚拟测试来补充碰撞测试，这种测试更快，成本更低。虚拟测试比真实碰撞测试更容易诊断和分析。根据 2014 年的一份新闻稿，福特汽车公司将其计算能力提高了 50%，以最大限度地提高可以进行虚拟碰撞测试的速度和数量（Ford_Media 2014）。从 2004 年到 2014 年，该汽车制造商进行了超过 200 万次的碰撞测试模拟。相比之下，福特于 2014 年前后在密歇根州迪尔伯恩的测试设施上进行了第 20 000 次全车碰撞测试。新的计算能力使福特在其虚拟碰撞测试模拟中包括了多达 200 万个有限元，与 2014 年之前的几年的 50 万个元素相比，有了大幅增加。福特的虚拟测试包括正面撞击、侧面撞击、背面撞击、车顶强度和安全系统检查。

带有高性能计算机的虚拟原型在福特公司2010年年底推出的EcoBoost发动机技术的开发中发挥了关键作用（Kochhar 2010）。福特全球产品开发集团副总裁Derrick Kuzak说：“EcoBoost对消费者来说确实是一个聪明的解决方案，因为它既能提高燃油经济性，又能提供卓越的驾驶性能。涡轮增压和直接喷射的结合使较小的发动机能够像较大的发动机一样运行，同时还能提供较小动力装置的燃油经济性。”福特公司负责全球材料和标准工程的总工程师Nand Kochhar说：“在模拟性能、换挡质量和燃油经济性之间权衡时，涉及大量基于HPC的计算分析。就发动机而言，我们进行涡轮增压空气混合的燃烧分析（例如优化燃料）。为了发展整体车辆的燃油效率，我们使用‘计算流体动力学’计算来计算拟议车辆的最佳空气动力学。”（Kochhar 2010）

宝洁公司（P&G）已经在其产品开发过程的许多部分使用了虚拟原型技术（Lange 2009）。宝洁公司使用计算工具来设计和测试其产品包装——用于装漂白剂和其他液体的塑料瓶。表面活性剂（肥皂、洗涤剂、乳液和洗发水的主要成分）的详细属性决定了宝洁公司的产品如何满足其客户的需求。此外，对环境的关注，无论是生产还是消费者使用、产品处置，都变得非常重要。最初，公司对表面活性剂的认识和研究是实验性的，但研究需求使这种方法不再可行。宝洁公司转向使用计算化学和分子动力学计算对表面活性剂中的原子、分子的行为进行建模。通过这种方法，宝洁公司能够确定生产更好产品的方法。宝洁公司专门研究分子动力学的首席研究员Kelly Anderson说：“分子动力学使我们能够对相互作用（正在发生的化学势）进行近似计算。通过研究这些材料的分子组成，我们能够更好地预测一个配方将表现出什么样的特性，不仅是它的直接特性，而是6个月后混合物将发生什么。通过混合和匹配含有不同原子构型的不同分子，我们可以为消费产品（如洗涤剂和洗发水）创造最理想的特性，同时确保它们是安全和环保的。这确实是我们试图做的事情的神奇之处。”（Lange 2009）

## 1.9 历史视角

计算机驱动我们预测未来的能力有了飞跃。公元前7世纪末和公元前6世纪初，希腊自然哲学家开始寻找自然界的潜在秩序——将因果关系联系起来的自然和普遍规律，以解释物理宇宙，而不是依赖神话和宗教（Barnes 1965、Parkes 1959和Pollitt 1972）。科学和工程的下一个进步时代始于意大利的文艺复兴时期

（15 世纪和 16 世纪），部分原因是通过西班牙和近东的国家重新发现了古希腊科学和数学。始于 16 世纪并持续到 19 世纪的“发现时代”取得了进一步的进展，例如发明了微积分来解释运动。发现时代之后是 17 和 18 世纪北欧的科学和数学进步，以及 19 世纪和 20 世纪欧洲和北美洲的科学革命。

有了现代超级计算机和适当的软件，人类现在有能力设计和准确预测新产品的未来性能，以及自然系统的未来行为。如上面所述，从希腊人开始，这是我们开发新的和令人兴奋的技术，以及更好地定量了解世界和宇宙的能力的一个历史性进步。一些技术领袖将先进计算的出现作为第四次工业革命的一部分（Schwab 2016）。我们认为，已经发生的事情要重要得多。计算工程现在可以准确预测一些有史以来最复杂的产品的未来性能和行为——在它们被建造之前。计算科学使我们有能力提出并回答有关自然现象的基本问题，如天气、气候以及宇宙的结构、历史和未来，而这些都是我们之前无法解决的。

第 2 章
Chapter 2

# 计算生态系统

第 1 章讨论了虚拟原型在产品开发和科研中的价值。本章重点讨论支持这种模式所需的生态系统。

## 2.1 引言

第 1 章描述了虚拟原型和数字代理对产品开发和科研具有的革命性意义上的潜力。实现这一潜力需要开发和运行一个稳定和安全的计算生态系统。表 1.2 描述了这个生态系统的 6 个组成组件。每个组件都非常复杂，并采用了最先进的技术，它们组成了一个综合系统。表 1.2 列出的通用组件可以合理地直接获得，特别是在云计算时代。表 1.2 列出的独特组件获取起来更有挑战性，它们也是每个技术应用的具体内容。每个采用虚拟原型范式的人都可能需要对独特组件进行选择。应用软件是最独特的，可以说是生态系统的关键组成部分。

## 2.2 通用组件

自第二次世界大战以来，表 1.2 中列出的组件的性能呈指数级增长。例如，计算机已经接近人类大脑的复杂程度。1945 年，世界上最快的计算机的峰值处理速度约为 1FLOPS。其 2020 年后的峰值处理速度超过 $10^{17}$FLOPS，这是可测量到的社会能力最大的增长之一。类似地，现代通信网络能够快速连接全球几乎任何两点。这些网络的数据传输速度已经从大约 50kbit/s（1975 年的计算机调制解调器）增长到今天的 100Gbit/s，超过 $10^5$ 倍，大大超过了电报（1840 年）、无线电（1920 年）和早期计算机网络（1990 年）。存储和访问数据的速度也呈指数级增长，尽管速度不如计算机处理速度。网络带宽增长有其自己版本的摩尔定律（Moore 1965）——埃德霍姆定律，它量化了电信网络带宽自 1970 年以来每 18 个月翻一番的结果（Cherry 2004）。Nodegraph 社区存储的数据总量超过约 $2\times10^{21}$B。鉴于人们对人工智能和机器学习的兴趣迅速增长，$2\times10^{21}$B 的这个数值可能已经被大大超过。

这些复杂的系统是昂贵而多样的。将计算能力与计算生态系统的其他组件进行匹配时，要认识到这些组件可能很快就会过时，这是非常重要的。这些资源是云计算供应商提供的商品，这能够帮助确定可以满足组织需求的生态系统的这些组件的范围。还要注意不要忽视计算机和网络的网络安全和数据隐私。

随着计算机网络性能的增长，计算机网络安全和数据隐私已经成为一个重要的问题。

## 2.3　独特组件

### 2.3.1　经验丰富、技术熟练的专业人员的重要作用

经验丰富、技术熟练的专业人员是一个成功的计算生态系统的重要组成部分。如何强调他们的重要性都不为过，这些专业人员开发新产品，设计、分析其性能，或开展科学研究项目。一个设计工程师必须能够利用软件对产品进行成功的、稳健的设计。计算领域专家必须能够使用适用的软件来探索所研究的自然系统的各种潜在行为。专业人员的作用类似于专业表演艺术家，比如一个高超的小提琴家。熟练的、有经验的软件专业人员对于虚拟原型开发模式来说，就像小提琴家对于音乐会一样。

基于科学的软件应用是复杂的工具。使用软件很容易出错，一个有缺陷的设计会导致产品有重大缺陷或研究结果有缺陷。使用这些应用程序的“知识工作者”是守门人，他们不仅要负责提供结果，还要确保正确使用这些工具。技术专家首先要在相关技术领域获得深厚的专业知识和丰富的经验，没有这种背景，合理的技术判断是不可能的。例如，合理的技术判断可以排除对螺旋桨飞机 3 马赫[⊖]巡航速度的计算预测。

下面将描述一个由于专业人员的错误而导致的设计错误的例子。在 20 世纪 90 年代，专业人员的错误导致了一个价值 7 亿美元的新石油钻井平台的沉没，当时

⊖ 1 马赫 =340.3m/s。——编辑注

该平台正在挪威沿海的北海油田进行安装。

### Sleipner 灾难

1991 年 8 月，Sleipner A 石油钻井平台的混凝土下部结构断裂，沉没在 200m 深的海底，当时该平台正在挪威海岸附近的北海进行安装。混凝土基础结构突然发生泄漏，最终被结构底部的水压压碎。碎片又掉到了平台 140m 之下的海底，至今仍在那里。这对业主和平台建造商来说是 7 亿美元的损失，最终导致了建造商的破产。该平台是使用 NASTRAN（国际结构工程界已经广泛且成功地使用了 23 年）设计的。事后报告的结论是，沉没是由于在线弹性模型设计分析中使用了不准确的有限元近似。事后使用正确的有限元近似分析，预测混凝土将在 62m 的深度发生沉没，接近实际发生沉没的 65m 的深度（Jakobsen 1994）。

对于那些表明物理系统存在令人惊讶或意想不到的行为的计算研究结果，我们应该持有健康的怀疑态度。需要对它们的存在进行软件验证。

然而，不能轻易验证的计算研究结果也不应该被立即抛弃。首先，它们包含了潜在的有价值的信息，应该被彻底检查，直到了解了其原因。有缺陷的结果可能指向软件的缺陷（错误、不正确的模型等）或软件的不当使用（错误的输入数据、未验证的解决方案、不适当的网格分辨率等）。

### 避免软件输入错误

如果错误的结果是软件输入错误，软件开发人员应该考虑改进输入接口以捕捉常见的潜在输入错误，即显示“输入可能是错误的”警告，并建议进行修正。如果某个特定的输入错误很常见，则需要重新设计输入界面。

其次，错误结果中可能包含重要的新知识和见解，必须解释为什么以前没有发现这个结果，以及为什么会产生这个错误结果。一些最激动人心的科学发现涉及偶然性，如果用户不警觉和不勤奋，就会错过。

### Russell Hulse 双星脉冲星的发现获得诺贝尔奖

马萨诸塞大学的一名研究生 Russell Hulse 通过阿雷西博射电望远镜发现了一颗脉冲星，这颗脉冲星似乎具有一系列奇怪的、意想不到的（甚至是难以置信的）特性。他的第一个想法是，这是一个错误的观测。Hulse 在深入研究了他编写的用于观测的仪器和数据分析软件之后，得出结论，这个奇怪的物体实际上是真实的。它是一个双星脉冲星，一种以前未被发现的脉冲星类型，可以用来实验测试爱因斯坦的广义相对论。Hulse 因发现和分析脉冲星 PSR 1913+16 而获得 1993 年诺贝尔物理学奖（Hulse 1993）。

诺贝尔奖往往颁发给新的和意想不到的物理现象的发现。这些类型的分析的结论应该被记录下来，并与其他用户分享，因为它们可能包含有用的经验教训。即使一个计算或实验达到了预期的结果，也需要尽职尽责地核查，不应该不经意地把预期的答案强加到实验数据的分析中。

### 2.3.2 测试的重要性和挑战

对于技术软件，特别是软件仿真，最重要的要求是准确性。越来越多的重要决策是基于软件的。软件产生的错误结果会带来不希望看到的甚至是灾难性的后果。其中一个例子是火星气候轨道器的失败。失败的原因是由于软件产生了错误的参数单位。这个错误导致航天器在错误的轨道上接近了火星，并与地球失去了联系（它要么被火星大气层摧毁，要么偏转回太空）。这是一个很好的例子，这个错误本应通过仔细地测试被发现。

未发现的软件缺陷（bug）不止一次导致了错误的科学。其中一个例子涉及“发现”一种不存在的蛋白质分子。

**“有缺陷的蛋白质 X 射线晶体学分析”文章的撤回**

一个错误的计算分析涉及使用有缺陷的软件，由旧金山科学新闻记者 Greg Miller 在 2006 年的 *Science* 上发表的文章对此进行了描述。这篇文章将缺陷的影响（Miller 2006）总结为 X 射线结晶学数据分析程序中的一个缺陷导致的不准确。这个错误导致了电子密度图的反转，电子密度图被用来推导被分析蛋白质的最终分子结构。使用该软件的研究人员“发现”了一种不存在的蛋白质——它实际上是软件缺陷的产物。

当这个问题被反馈给文章作者时，他通过测量数据和分析软件进行了核查，发现了错误。他修正了错误并迅速通知了研究界，研究人员就停止了对不存在的蛋白质的研究，回到对确实存在的蛋白质的研究上。损失是有限的，但仍然造成了损失。

幸运的是，研究人员的快速反应和后续撤回挽救了作者的职业生涯：研究界认为整个事件令人遗憾，但作者被重新接受，并能够继续他的职业生涯。

测试如此重要的部分原因是，如今许多软件结果的消费者（甚至软件用户）都过于接受计算机的结果。在我们看来，计算机模拟的早期用户对计算结果的信任度较低，对验证结果更认真。其中一个原因是，基于计算的科学和工程的早期实践者面临着来自传统科学和工程界的怀疑。此外，基于计算的科学和工程比传统方法更容易产生和传播错误。这是由以下因素造成的：

- 基于理论和实验的科学和工程是相对成熟的技术学科，至少有一百年的成功经验。
- 计算科学和工程的潜在陷阱和问题没有得到很好的理解。
- 传统工程设计的工件（工程图纸，包括 CAD 文件、工程计算说明、分析结果和其他工件）可以更容易地由其他工程师检查和审查。
- 容易获取计算模型和隐含的信任可能会导致过度自信。

理论工作也是如此。一篇理论研究论文包含足够的信息，使该领域的其他理论家能够判断该工作的有效性。论文中的相关方程式可供核查。相比之下，外部评审人更难评估一个计算结果的有效性。即使评审人有机会接触到源代码，要核查一个有几千行或几百万行源代码的大型、复杂、多效应的软件的细节，也是一个挑战。此外，即使评审人有机会接触到原始的可执行文件，学习如何使用该软件所需的工作量通常也很大，除非在极少数情况下，否则不会尝试再现计算结果。一个更现实的方法是让一个拥有类似软件应用的同事来尝试再现结果。这并不总是可能的，特别是对于新的结果。开发一个类似的软件应用程序只是为了再现别人的计算结果，这通常是不切实际的也是不可能的。评审人必须依靠他们的专业经验和作者的专业声誉来判断结果的合理性。这种方法并不像独立再现结果那样有效，特别是对于新的和可能有争议的结果。传统上，同行评审是评估科学成果准确性和正确性的主要方式之一。在过去，尽管有失误，但同行评审的效果还算不错。传统的同行评审过程是否能够应对为计算科学与工程论文提供良好评审的挑战，还有待观察。

尽管题为“为什么大多数发表的研究结果都是假的”（Ioannidis 2005）的论文

中的一些观点是有道理的，但我们认为情况并不像该论文描述的那样可怕。作者确实提出了一个有效的观点：除非研究结果确实令人振奋、非同寻常，否则研究人员没有什么动力或资源去证实别人的工作。资助机构希望资助新工作和新发现。普遍的共识是，尽管目前的系统（包括同行评审）并不完美，但专业的评审过程通常能找出大多数错误的工作（Leek 2017）。任何试图使用错误的结果来制造产品或扩展错误的人最终都会遇到真相。对于大多数科研人员和工程师来说，他们最重要的资产是其职业声誉和诚信；只需要一个重大的错误就可以摧毁一个人的声誉，这增加了工作的准确性的概率。

就像传统的科学和工程一样，各种形式的测试（静态的和动态的）是定位程序错误（如 bug）或在复杂的系统软件中使用的最好方法，而且往往是唯一方法。测试是将软件对系统或科学效果的预测与该行为或效果的测量实验数据进行比较。在许多情况下，用于测试的数据可以从公开的渠道获取。即使存在相关的数据，它也可能是不完整的，具有可疑的准确度，或者出处不明。数据的开发可能没有考虑到测试，或者它可能没有充分解决需要测试的特定的软件能力。由于这些原因，许多组织通过内部测试项目开发的数据来补充公开可用的测试数据。通常情况下，这些数据必须通过一个漫长而昂贵的测试项目来获得。其他情况下，测试数据可能是构成所有者知识产权的重要部分，是竞争优势的来源。技术工程和科学数据是机构的主要资产，需要内部或外部的测试设施来满足测试要求。例如，NASA、美国空军、波音和洛克希德・马丁公司都有风洞，许多大学的航空工程系也有风洞。

### 2.3.3　基于科学的软件是关键

计算生态系统的软件是关键组成部分。制作虚拟产品设计或用计算机进行仿真科学研究所需的知识存在于软件和技术社区中。本书的其余章节将讨论生态系统的软件部分。获得正确的软件应用程序是计算工程和科学成功的关键。

正如第 1 章所强调的，科学和工程软件应用程序不是通用的工具。它们必须具备人们感兴趣的技术应用程序的具体特征和能力。一个能够分析飞机飞行性能的软件应用程序必须具备求解决定机翼升力、飞机机身周围的气流、飞机结构上的力、喷气发动机的性能和飞行控制等的方程。飞机设计和分析软件与能够准确模拟复杂蛋白质分子的化学结构和行为或者模拟超新星爆炸的软件有着根本的不同。每个应用领域都需要不同的数学模型、不同的测试数据，以及不同的解决方案算法。

基于科学的软件应用程序的五个最常见来源如下。

- 独立软件供应商的商业软件。
- 开源软件（也是商业软件，因为它需要许可证）。
- 其他技术组织提供的免费技术软件。
- 外部承包商开发软件。
- 内部开发软件。

第 3 章将重点讨论以上来源的软件的优点和缺点。

## 2.4 不一样的软件开发

软件是无处不在的，大多数人在日常生活中经常使用它。然而，即使是应用程序的专家级用户也可能从未见过源代码，对现代软件（特别是生产级技术软件）是如何开发的，也几乎没有体会，即使我们在高中或大学写过一些代码。这种经验甚至可能让我们对这个概念有一种错误的熟悉感。

用于虚拟产品设计和仿真的软件应用是用计算机语言表达的，计算机编译器可以将其解析为指令，然后由计算机执行这些指令以预测物理系统的虚拟模型的行为。虚拟原型的软件应用是决定物理系统行为方式的数学和物理学上的表达。一般来说，软件用户永远不会看到实际的软件指令，软件像一个“黑盒子”（只有输入和输出是可见的，内部工作原理是隐藏的）。

改变硬件比改变软件更难，需要更长时间。简单的网络应用程序几乎是持续更新的。许多更复杂的技术软件应用程序已经使用了几十年，经历了几十个增量版本，并被不断地修改以增加功能，满足用户群不断变化的需求，使它们能够在下一代超级计算机上运行。广泛使用的有限元代码 NASTRAN 是由 NASA 赞助的，于 1968 年首次发布。由于它易于修改，可不断地改进和升级，至今仍在使用，可以从不同的供应商那里获得（Mule 1968）。

软件开发中最棘手的问题之一是将其与硬件开发混为一谈。尽管人们倾向于认为硬件和软件的开发是一样的，但它们需要不同的过程。最初版本的美国国防部 5000 采购条例也将它们视为相同的。传统的科学研究涉及理论、实验研究和观察的结合。传统的产品开发是顺序的，涉及物理原型的设计、开发和测试。硬件是有形的物体，可以被看到和触摸到，可以在工厂制造或在现场组装。硬件的内部组件通常不可见，对它们的访问可能受到限制。传统的硬件开发一般是顺序进行的，可能还有一些几个步骤的内部迭代，如图 2.1 所示。

| 概念设计 | | | 工程设计与开发 | | | 生产、分销和支持 | | |
| --- | --- | --- | --- | --- | --- | --- | --- | --- |
| 需求开发和分析 | 概念分析 | 概念选择 | 概念开发 | 详细工程设计 | 设计集成与测试 | 生产 | 分销 | 支持 |

图 2.1　典型硬件开发项目（或部署项目）生命周期中的主要步骤
改编自文献（Kossiakoff 2003）

另外，当软件是由其成员在不同地方的小型团队开发时，许多成员甚至在家里工作。由于软件更容易更改，现代软件产品的开发和部署（发布）是渐进式的。硬件和软件的开发过程的根本区别在于：硬件的开发是从具体的要求开始的，软件开发的要求往往是模糊的。后面的章节会详细讨论这个问题，理解这两者之间的区别是至关重要的。

软件和硬件之间的另一个重要区别是，只要使用软件，就需要持续、积极的开发和支持。软件非常依赖于其操作环境，比如，即使是操作环境中看似良性的变化（外部库的变化），如果没有被容器化，也会使与之相连的软件无法运行。未经宣布的操作系统变化因禁用软件而臭名昭著。对于汽车、飞机或船舶等硬件来说，情况通常不是这样的（尽管软件正迅速成为这些系统的主要部分），机械故障往往是逐渐发生的并产生警告。电气故障也可能在没有警告的情况下发生，但确定电气或机械故障发生的位置通常很简单。此外，没有得到积极支持的软件会迅速停止运作，而没有得到积极维护的汽车可能会运行多年。在这个意义上，“软件永远不会结束”（DSB 2018），一旦发布，就可以继续无限期地运行，这是错误的观点，即使对于容器化代码这也是错误，它们最终会受到计算生态系统变化的影响。软件的用户也会想要新的功能，需要改变，就像硬件一样。

现在，数字仿真软件的复杂性与硬件或物理系统本身的复杂性成正比。用于产品开发和科研的基于物理学的软件应用程序，必须包含设计和分析所需产品的性能或进行科学研究所需的技术知识。例如，一个能够分析和预测喷气式飞机性能的软件应用程序必须包括计算和整合所有决定飞机飞行的复杂物理效应的算法，计算飞机结构周围的气流、确定作用在飞机上的升力和阻力（计算流体动力学，CFD）、机身对这些力的反应（计算结构动力学和力学，CSD 和 CSM）、喷气发动机的推力对飞机前进的影响（更多的 CFD、CSD 和 CSM），以及通过调整如方向舵、升降舵 / 稳定器和副翼的位置来改变飞机上的气流和力（更多的 CFD、CSD

和 CSM）进而控制飞行。

软件开发遵循一些与硬件开发相同的步骤，例如需求收集、产品开发和测试、分发和支持，但它的速度要快得多。开发新的成熟的多物理场仿真代码的时间尺度是 5 ～ 10 年。为实现虚拟产品设计和基于仿真的科学研究的应用而进行的新特性和功能的增量开发通常要短得多——几个月或最多一两年。

因为我们对 CREATE 项目非常熟悉，下面用它来说明工程和科学研究软件开发方法与实践。

### CREATE：应用于美国国防部采购工程项目的基于物理学的工程软件

CREATE 项目是由美国国防部部长办公室在 2006 年创建的（Post 2016）。CREATE 是美国国防部 HPCMP 的一部分，该项目为美国国防部各部门（海军、陆军和空军）和机构（DARPA、DTRA、MDS 等）提供现代超级计算资源。CREATE 项目开发 12 个基于物理学的高性能计算应用程序，用于设计和分析军用船舶、飞机、射频天线和地面车辆。这些新的软件应用程序分别在 2008 年和 2009 年首次发布，随后每年（或更频繁地）发布满足美国国防部采购工程项目要求的升级软件。大约 2000 名工程师和科研人员正在使用这 12 个软件应用程序，支持 100 多个美国国防部采购项目。这 12 个应用程序由大约 115 名来自 10 多个学科的科研人员和工程师团队开发。这个团队中大约 60 名科研人员和工程师是政府雇员，其他的来自工业界、FFRDC（联邦资助的研究和开发中心）以及与美国国防部签订合同的学术机构。他们分布在美国各地 30 个不同的军事和学术机构。

CREATE 项目遵循一种迭代的、敏捷的软件开发和部署（发布）方法（见图 2.2）。主要的开发目标是不断地发布新的功能，以满足其利益相关群体的需求。每个 CREATE 项目开发周期的迭代都与联邦财政年度的可用资金相关。每个迭代每年产生一个主要版本和其他中间版本。为什么每年只有一个主要版本？有以下原因：

- 软件的复杂性降低了频繁发布新版本的潜在优势。
- 彻底的测试，特别是涉及超级计算机的测试，可能无法按需提供（涉及大量资源的超级计算机访问通常必须提前安排）。
- 许多 CREATE 项目客户不准备接受比每年一次更频繁的新版本发布（转换到一个新的版本可能是破坏性的）。

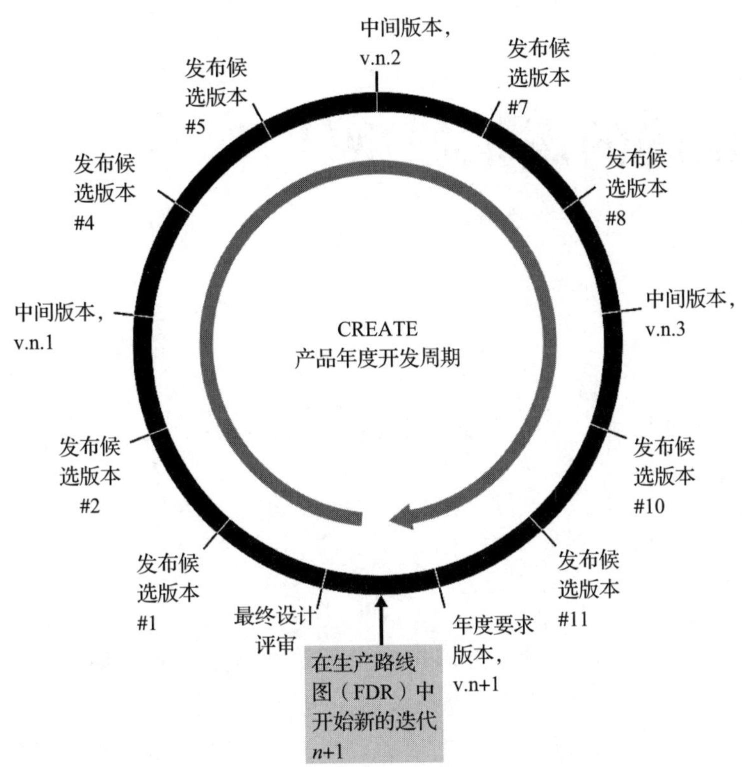


图 2.2 CREATE 系列虚拟产品设计软件的年度产品开发，迭代 $n$+1（此处 $n$>0）
（由美国国防部 HPCMP 提供）

CREATE 产品的开发基于 Scrum 软件开发方法。CREATE 产品年度软件开发周期在图 2.2 中表示为迭代 $n$+1，由图中的整个周期的事件表示。这一年被分解成每月的产品开发间隔，称为冲刺。每个冲刺阶段的目标是生成一个经过开发人员测试的候选版本，其中包含一个或多个当年向利益相关者承诺的功能。这些候选版本将由 CREATE 项目质量保证团队进行面向用户的测试。CREATE 项目质量保证团队对这些候选版本进行后续的用户测试。大约每季度一次，之前冲刺阶段中成功测试的功能会作为新的中间版本发布，在图 2.2 中标为中间版本 v.n.1 和中间版本 v.n.2，以此类推。版本 $n$+1 是所有中间版本的联合，而这些中间版本又是版本 $n$（即上一个年度开发周期的最终版本，迭代 $n$）的更新。

中间发布不仅允许早期访问新功能，而且还提供机会让用户向开发者提供反馈，以便在周期的最终发布前进行改进。到迭代 $n$+1 结束时，所有承诺的功能或质量属性都已测试和发布。对于 CREATE 产品来说，这个年度周期是与联邦财政年度的资金相关的。第 9 章有关于这种方法的更多细节，包括 $n$=0 的情况。

第 3 章
Chapter 3

# 获取正确的虚拟原型软件

本章研究了获取虚拟原型软件的各种选择的优缺点。此外，它还描述了影响选择正确软件的因素。

## 3.1 引言

第 2 章描述了实现产品开发的虚拟原型方法和基于仿真的研究范式所需的计算生态系统，提出了软件为计算生态系统的关键组成部分。

正确的软件应用对成功的计算工程和科学至关重要。本章重点讨论获取正确的虚拟原型软件范式要考虑的因素。至少可以考虑 5 种基于科学的软件应用的来源（见表 3.1）。

**表 3.1　基于科学的软件应用的来源**

| 序号 | 来源 |
| --- | --- |
| 1 | 商业软件：ISV、COT、GOT |
| 2 | 开源软件（需要许可证的商业软件） |
| 3 | 其他技术组织提供的免费技术软件 |
| 4 | 外部承包商开发软件 |
| 5 | 内部开发软件 |

这 5 个来源并不相互排斥，尽管可能存在其他来源，但这些是主要的来源。每种来源都有优点和缺点，本章的后续内容将对此进行探讨。

表 3.1 中的前三个来源来自外部，第四个来源涉及外部承包商。与外部供应商建立信任关系是非常重要的，这种关系对双方都有利。用户在经过软件使用培训后，对软件产生信任并将其纳入工作流程，再更换软件要比更换计算机硬件难得多。

从外部来源获取使用软件的合法权利是至关重要的，与此同时，保护内部开发的软件的权利也是重要的。这包括购买商业软件的相关许可证，并保持其始终处于许可期内。这也适用于任何从互联网上下载的软件。从互联网上下载的所有类型的第三方软件（即使是开源软件）都有许可证。不遵守这些许可证的条款可能会受到民事和刑事处罚。下载、复制、分发和使用需要许可费用的软件而不支付这些许可费用的行为属于软件盗版。

## 3.2 重要权衡

下面将讨论从表 3.1 中所列的来源获取软件的重要权衡。

### 3.2.1 商业软件

商业软件可以从独立软件供应商（ISV）那里获得许可，包括那些不一定被认为是软件供应商的公司。一些公司为其内部开发和使用的软件提供商业许可。相关技术领域的专业同事也可以提供有用的建议，特别是他们在感兴趣的技术领域有计算工程或计算科学研究软件方面的经验。

一直以来，支持工程设计和科学研究的商用软件的质量和能力一直在稳步提高，因此，通常可以使用现成的（Off-the-Shelf，OTS）最先进的商用软件来解决设计或研究需求。在这种情况下，开发软件的成本被分摊到潜在的客户群中，而不是像内部开发那样，成本完全由内部承担。这种选择还有一个好处，那就是由于软件已经存在，因此可以相当快地提供给客户使用。ISV 经常提供免费或打折的试用软件，用户只需花费很少的费用或不需要费用就可进行评估。对于授权长期使用商业软件的许可证，有两种标准模式。第一种模式是“租用”软件，或获得需要定期（通常是每年）更新的许可证。第二种模式是购买一次性的永久许可证，然后再购买升级版本的许可证。实际上，“购买”的不是软件的所有权而是使用权。软件维护也很重要，一般来说，ISV 为软件提供维护，但维护的成本和水平是可以协商的。维护通常被捆绑在年度产品维护费中。

获取商业软件通常是相当直接的，但也可能是耗时的，挑战在于要确保它是设计工程师或科研人员可最好地实现目标的软件。通常的做法是，先获取尽量多的信息，这些信息包括来自意向供应商的信息、对软件的公开评论、技术社区的评论，以及对描述软件使用结果的公开技术文献的调查。当确定了几个候选软件后，获得试用许可证（通常是免费的）并试用这些软件，看看它们是否适合你的组织。试用期应该足够长，以便对以下因素进行评估：

- 可用性，特别是用户学习曲线的陡峭程度和问题设置的容易程度。
- 与既定工作流程的兼容性。
- 功能的丰富性。
- 准确性，可以通过既定的、可信赖的基准和与测试数据的比较来衡量，并有合理的周转时间（交付速度）。

供应商应该说明软件许可证、文档、培训和软件保护的预期成本及详细描述。询问供应商是否可以把你介绍给其他使用该软件的客户。产品维护应包括如何开发针对被许可方未来需求的新功能，这些功能将如何定价，以及被许可方对新软件功能有多长时间的专有权。确定可能承载该软件的计算机平台是必要的，因为计算系统的性能会影响许可费用。通常，供应商会根据计算系统的性能来确定许可费用，如使用的处理器或节点的最大或平均数量、同时使用人数的最大数量（称为席位），以及其他因素。了解供应商确定许可费用的历史和做法也很重要。随着计算机工程师努力应对日益增长的计算能力的挑战并与其他计算机供应商进行竞争，计算机体系结构的复杂性将继续增加，许可证的复杂性也将随之而来。

要尽可能多地获取供应商产品的技术和性能的信息，确保供应商产品的先进性。建议对软件做验收测试。

对于大型的项目（例如，有几十个用户的项目），供应商通常可以提供（有偿的）现场顾问来帮助解决项目启动过程中的问题，特别是那些涉及学习如何在被许可方的计算基础设施上使用供应商的软件以及将软件的使用整合到现有工作流程中的复杂问题。良好的用户支持可以减少客户工程师了解到软件在被许可方的计算环境中运行的速度所需的时间。顾问应被视为用户群体的一部分，但要确保被许可方的知识产权和数据受到保密协议和其他保障措施的保护，包括限制对专有和敏感数据的访问。同样，供应商也可以认为试验结果是保密信息，应受保密协议的保护。

从与供应商合作的客户那里收集他们与供应商合作的经验的信息很重要，包括他们对供应商的财务和公司稳定性的评估。如果有任何疑问，通常会要求供应商提供软件的托管版本，以防出现威胁到供应商生存能力的问题。如果有足够的工程师或科研人员，尽量在大致相同的时间内“试驾”几个不同供应商的产品是有价值的。在可能的情况下，对供应商产品的评估应该由被许可方的高级工程师来完成。

不幸的是，在少数情况下，被许可方与供应商之间会出现问题。例如，在某些情况下，被许可方对其员工进行软件培训并使该软件成为其工作流程的一个组成部分后，供应商就会将其许可费用提高。我们知道有几个被许可方与供应商都有过这种不幸的经历。这些被许可方现在在内部开发软件，以便能够控制成本和软件功能。

另外，软件供应商可能不愿意增加所需的特定于被许可方的功能，因为许可功能的用户数量太少，无法从许可费或维护费中摊销开发该功能的成本。在这种情况下，被许可方可能不得不承担开发成本。有时，软件供应商会授予新功能的独家使用权，但通常不会，或者只在非常有限的时间内这样做。如果该功能对被许可方的竞争优势有很大贡献，然而被许可方的竞争对手最终获得了具有该功能的软件，那么被许可方的优势就可能丧失或被削弱。这种情况的发生使得一些潜在的虚拟原型范式的候选者在内部开发软件，由此他们可以根据自身的需要在软件中增加新的功能，而不必担心有多少用户会为使用新功能而付费。我们知道有几个例子，一个特定的新功能对被许可方的产品线至关重要，但由于该功能的用户数量很少，供应商几乎没有盈利的可能，使得该功能不能被及时添加。

### 3.2.2　开源软件

软件的作者通常拥有他们所创造的软件的版权。没有版权所有者的明确许可，这种专有软件不能合法地使用、分发、复制或修改。这种所有权使独立软件供应商能够要求用户购买许可证来使用该软件。软件的开发和维护是很昂贵的。拥有软件的版权使供应商能够收回其开发和维护成本，并从许可费中获利。Microsoft Office、Adobe Photoshop 和 ANSYS Fluent 都是拥有版权的专有软件的例子。健全的商业模式对软件供应商和用户都是非常重要的。

开源软件（Open-Source Software，OSS）则不同。如果版权所有者将软件免费提供给任何人使用、复制、修改或分发，并遵守相关的许可证，那么该软件就是开源的。当几种类型的开源软件组合在一起时，所有的许可证都适用于整个软件产品。开源软件在软件开发行业中已经非常普遍和深入，因此了解其相关许可和风险的影响是至关重要的。与任何第三方组件一样，在采用或使用该软件之前，应在预期使用的具体环境中仔细评估开源软件的许可和风险。许可证的合规性要求一般是为了确保软件保持开源。与本章前一节中的专有软件模式相比，开源社区通常对软件的开发、分发和使用采取不同的方法，并且采用不同的商业模式。任何人遵守许可证条款的基础上都可以检查、修改、分发和使用开源软件。然而，作者仍然拥有版权，所以任何想使用该软件的人都必须遵守许可证的条款和限制。

开源许可证有多种类型。开源软件通常与源代码一起分发，以便能够检查、修改、分发和使用该软件。

开源软件通常是免费的，尽管支持和开发新的特性和功能往往要付费。许多组织使用开源软件，许多团体开发和支持开源软件（Open Source 2019）。这些团体的商业模式各不相同，有的提供免费的软件应用程序和一些文档，有的提供免费的软件，但对支持、培训和新产品功能收费。

使用开源软件存在风险。每个开源软件的应用都有一个原始开发者指定的许可证。这些许可证的范围从非常宽松性的，即只要求承认原始许可证和原始作品的版权，到强烈限制性的，即要求任何修改过的源代码在分发或使用时必须在相同的许可证下全部发布，如图 3.1 和表 3.2 所示。

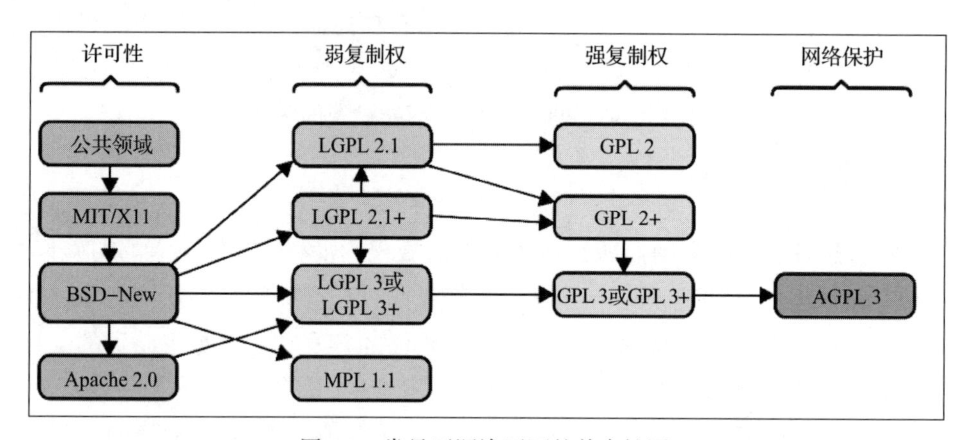


图 3.1　常见开源许可证的兼容性图

（来源：https://timreview.ca/article/416; https://dwheeler.com/essays/floss-license-slide.html）

**表 3.2　开源许可证风险总结**

| 允许性 | 弱保护性 | 强烈保护性（Copyleft） |
|---|---|---|
| 用户可以自由使用、修改和重新发布产品中的代码，但必须归功于原始作者 | 用户必须将专有代码与 OSS 分开<br>衍生作品可能会继承 OSS 许可证 | 衍生作品（包括与 OSS 链接的专有软件）继承了原始 OSS 许可证 |
| • 用户控制<br>• 允许商业用途 | • 可能允许链接<br>• 原始 OSS 代码和修改必须自由重新分发<br>• 专有代码必须分开，以避免继承 OSS 许可证<br>• 与库一起使用通常是安全的 | • 版权所有人控制<br>• 修改将继承 OSS 许可证<br>• 链接到 OSS 的专有代码可能会受到污染<br>• 商业用途通常受到限制 |
| MIT、BSD | Mozilla、LGPL | GPL |

然而，开源软件的许可证不能简单地混合和匹配。如果要结合两个开源软件，它们各自的许可证必须兼容。在图 3.1 中，箭头表示许可软件可以结合的方向（例如，A → B 意味着 A 到 B）。合并后的代码基本上具有 B 的许可，但许可 A 的元素可能还适用。某些许可证是不兼容的，这些软件应用不应该被合并。例如，Mozilla 公共许可证（Mozilla Public Licence，MPL）与任何 Gnu 公共许可证（Gnu Public Licence，GPL）完全不兼容。

版权保护作者的作品免受未经授权的复制或出售。复制权为作者提供了自由使用的权利，并将知识作品的修改版回馈给开源社区，前提是将原始权利授予所有后续用户或所有者。

不兼容的许可证可能会使所产生的代码的使用无效或被禁止，然后用户可能面临法律责任。

**这里重申：安全使用开源软件需要仔细审查所有涉及的许可证。**

对开源软件的一个潜在反对意见是，开放源代码允许第三方发现软件的安全漏洞并加以利用。另一方面，开源软件的倡导者声称，由于源代码可供自由检查，它将被许多开发者和用户检查。因此，任何安全漏洞都会在没有保证的情况下被迅速识别和修复。这是一个重要的问题，因为网络和服务器中使用的许多软件，特别是 Apache 网络服务器中的软件都是开源的。有一个网络安全漏洞的例子（Heartbleed 软件缺陷）并不是由开源社区检查发现的。该缺陷是由谷歌和 Codenomicon.com 的员工 Neel Mehta 在 2014 年 4 月 7 日发现的，并在 6 天后被修复。这个缺陷在 2012 年就已经被引入网络服务器中，存在于 68% 的服务器的 https:// 安全套接字层和传输层安全中。该漏洞使互联网上的每一笔金融交易都面临风险（包括信用卡支付、账单支付、旅游预订、购买机票、网上银行交易等），使黑客可渗透服务器并从中获取敏感数据（Fruhlinger 2017）。

### 3.2.3 其他技术组织提供的免费技术软件

许多科学和工程软件应用是由大学、政府实验室和其他非营利性研究机构开发的。许多这些科学研究或工程工具都是在不收取许可费的情况下提供的。通常情况下，软件所有者希望与新用户共同合作，帮助原始开发者支持、维护和升级软件。一些工程软件的应用是免费的，但没有科学研究软件应用那么多。科学研究的例子包括专门为合作研究开发的代码，如 FLASH 高能密度代码（Fryxell 2000）、用于计算化学的 GAMESS（Gordon 2020）、用于天气预报的天气研究和预报模型

（WRF）（Mahoney 2020）、用于气候建模的地球仿真模型框架（ESMF 2021）等。大多数应用程序的所有者希望一些用户最终会贡献新的代码，以提高软件的能力或性能，并帮助支持软件。为用户和开发者提供的在线文档通常是可用的。

有免费的工程代码，例如，Octave（GNU Octave 2020）是一个免费的开源代码，功能类似于 MatLab，以及 FreeCAD2-D/3-D 参数化建模软件（FreeCAD 2020）。还有一些免费的有限元代码（code_aster 2020）。同样，你可以付费得到相应的支持和文档，其中一些文档相对较好，并有活跃的开发小组。一般来说，商业版本的工程代码有更多的功能，比免费版本更容易使用，当然，支持也更好。通过 SourceForge 网站（SourceForge 2021）是更多了解这些软件应用程序信息。

### 3.2.4 外部承包商开发软件

获取市场上无法提供的软件应用程序的一种常见方法是签订开发合同。外部商业组织（如大型航空航天公司和主要国防工业承包商）通常给美国政府部门（如美国国防部和国土安全部）开发专用软件。

承包商开发的好处包括：

- 有技术熟练、经验丰富的知识工人，包括技术软件开发人员。
- 有软件开发基础设施。
- 有可借鉴的成功（和失败）记录。

缺点包括：

- 不能在预先对需求进行详细具体的说明基础上来开发复杂的、基于物理学的、高性能的计算软件（Brooks 1987），必须通过与用户合作来发现需求，帮助他们确定真正的需求。
- 外部承包商并不像你那样了解你的业务。
- 外部承包商通常很难承担他们自己团队开发的软件的质量责任。
- 因为承包商明白软件开发是有风险的，他们不得不谨慎行事；他们通常不承担客户可能承担的风险。

此外，许多组织已经发现，将复杂软件的开发工作外包给第三方会带来风险，即使各方都很谨慎。美国联邦调查局的哨兵项目（Israel 2012）和美国国家安全局的 Trailblazer 项目（Gorman 2006）是两个大型的、昂贵的软件开发项目，采用传统的政府程序外包给了大型国防承包商。在这两种情况下，都可以选择内部开发所需软件，但美国联邦调查局和美国国家安全局的领导层更信任大型国防承包商的软件开发经验和它们的软件开发能力。不幸的是，这两个项目都失败了。因为承包商对执法数据收集和分析的复杂性没有什么经验，也没有遵循一个渐进和灵活的开发过程。虽然关于 Trailblazer 项目的公开数据很少，但很明显，该项目从未交付过一行有用的代码。两个项目的投入成本都超过了 10 亿美元。后来，对美国国家安全局和美国联邦调查局的环境、用户和要求有第一手了解的内部开发团队被赋予了这些任务。内部小组通过从较小规模的项目开始，逐步增加其规模和范围，随着项目的增长而逐步学习和建设，最后取得了成功。

我们在 CREATE 项目中的经验和对其他政府项目的观察表明，如果开发团队由客户组织来领导，而不是由大型的上级承包商组织来领导，那么使用承包商也可以发挥作用。由客户领导的软件开发有助于确保团队了解消费者的任务和目标，并能够为软件制定现实的要求。最重要的是，这种方法可以确保团队与用户群体持续合作，了解用户群体不断变化的需求，并不断征求关于软件如何满足这些需求的反馈。

### 3.2.5　内部开发软件

如果前面描述的四个来源都不能满足一个组织的需要，可以选择在内部开发所需的软件，或者软件对组织的成功非常重要，不允许外部控制软件的开发和部署。固特异轮胎公司建立了自己的轮胎设计软件工具，以获得竞争优势（Miller 2017）。内部开发团队不是第三方，将最终负责收集和定义需求，开发软件，以及测试、部署、维护和维持软件。这包括提供用户培训和用户支持。

许多组织决定在内部开发软件。内部开发确保了以下几点：

- 软件开发团队对上级组织负责。
- 软件开发由组织控制。
- 组织始终可以访问该软件。
- 组织可以控制软件的分发。
- 知识产权问题由组织控制。
- 尽量减少与其他组织的利益冲突。
- 开发成本由当地控制。

内部开发的另一个好处是，可以对软件进行定制，以满足特定的技术和业务需求，而不牺牲其提供的潜在竞争优势。如前一节所述，一些组织还发现内部开发可以降低开发风险（Israel 2012 和 Gorman 2006），包括表 3.2 中总结的知识产权（Intellectual Property，IP）风险。

直到使能软件成为组织业务或科学流程的重要组成部分，虚拟原型范式的成功采用才算完成。

内部高技能、经验丰富和技术熟练的软件开发团队是决定在内部开发软件成功的关键。第 11 章更详细地讨论了团队。组建团队需要时间可能长达 2 ～ 3 年。然而，如果组织拥有经验丰富的专业人员，他们拥有扎实的工程或领域科学技能，以及指导新员工所需的领导力，那么建立一个好团队所需的时间就可以大大缩短。

## 3.3 虚拟原型软件项目 CREATE 概览

案例研究表明，一个好的软件开发团队可能需要 8 ～ 10 年或更长时间来开发一个完全成熟的软件应用程序，该应用程序具有复杂产品的虚拟原型开发范式（Post 2004）所需的所有特性和性能属性。这通常与大多数组织管理层用时短、见效快的期望不符。很少有组织会持续资助一个昂贵的、长期的软件开发项目，且该项目在最初几年内没有成果展示其价值。软件开发并不能像桥梁建设那样有实物可证明正在取得的进展。

向美国国防部提交的 CREATE 项目提案强调，开发成熟的软件产品需要很长时间，甚至可能需要十年。然而，CREATE 项目团队意识到，除非它能在几年内证明虚拟原型的有效性，否则它在捍卫其资金方面将面临越来越大的困难。CREATE 项目以多种方式应对了管理期望的挑战。

在项目开始时，CREATE 项目团队制定了一个三个阶段的产品开发战略（见图 3.2），每个阶段都有主要目标，每个阶段都有额外的年度或更频繁的软件发布。该战略将 CREATE 项目计划描述为传统的美国国防部项目计划的灵活修改版，在现有能力的基础上逐步增加中间交付物，最终形成一种成熟的能力。CREATE 项目强调了必要的研究和开发，描述了每个挑战的主要方法，并在第一个方法不成功时提出了替代方法。CREATE 项目管理团队可以证明，开发团队知道自己在做什么。研究和开发活动的风险很低，因为对每个挑战都有大量的知识储备和多种解决方法。CREATE 项目管理团队还强调将不断与软件用户合作，以获得他们的反馈和认可。

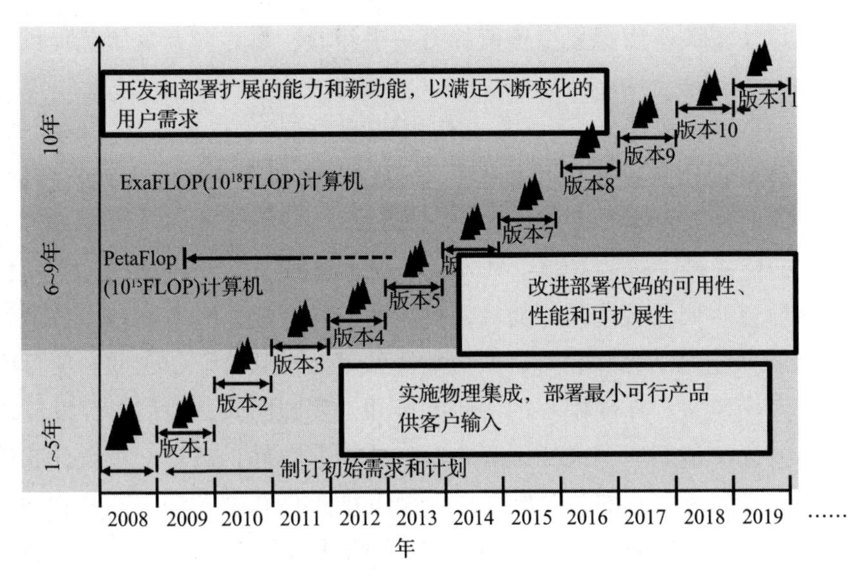


图 3.2　CREAE 项目的开发战略
（由美国国防部 HPCMP 提供）

第一个开发阶段包括开发和发布一系列“最小可行产品”（早期开发和部署有用的软件产品），目标是在所有领域达到现有竞争对手的水平，以支持美国国防部应用的虚拟原型范式。该计划强调在开发成熟代码时将 14 个软件属性包含在其中。同时，开发团队专注于开发解决方案算法和方法，以耦合物理组件并顺利集成到多物理场系统体系中。在此阶段，早期版本的另一个重要目标是捕捉早期采用者的用户体验。在开发的早期阶段，用户的输入尤其重要。

第二个开发阶段的重点是提高软件的计算性能，完全集成成熟应用程序所需的不同物理功能，并完全整合软件属性。在这一阶段，CREATE 软件的各种物理组件和网格划分算法与现有的商业类似物相比，具有充分的竞争力。目标是，在这一阶段与用户群体密切合作，开发出功能齐全、同类最佳的软件工具。

第三个开发阶段的重点是通过评估和提供客户所需的新能力和功能来扩大客户群，以满足他们不断变化的设计和分析要求。这一阶段还强调提高软件计算性能，因为计算机硬件行业正在接近 ExaFLOP 的里程碑。

开发一个最小可行产品的优势：

- 确保目标用户群采用该软件，即用户可获得满足要求的软件产品。用户群还可以获得关于虚拟原型价值的第一手经验，然后向开发团队提供反馈和指导。

- 提供一个机会来发展开发团队和用户社区之间的信任和良好的关系。
- 为软件开发团队提供成长机会，与用户群密切合作开发大型、多物理场、高性能的计算软件工具。

在现有研究软件工具的基础上开发一个最小可行产品，是CREATE项目团队应对准确预测复杂武器系统性能的技术挑战的有效方法。只有在相关技术领域拥有丰富经验和技能的工程师和科研人员才能编写此类软件。CREATE项目确定了美国国防部各实验室和作战中心的科研人员和工程师团队，他们对开发复杂的工具感兴趣，并证明他们能够成功编写非常好的研究软件，甚至一些设计软件。该项目与实验室和作战中心的领导层合作，组建并赞助了一个CREATE软件开发团队。为了确保将重点继续放在开发强大的工程工具上，CREATE项目提供了软件工程和软件管理指导，提供了团队所需的大部分资金，并与当地实验室和各军种（海军、陆军和空军）领导层分享了对这项工作的技术监督。

在许多情况下，CREATE项目的开发者都是通过开发和使用相关技术领域（计算流体力学、计算结构动力学、计算电磁学等）的研究软件获得经验的。他们过去的工作目标是科学和工程研究，而不是产品开发。因此，对于没有编写过软件应用程序的工程师来说，这些研究工具在“一臂之遥”，却不能很好地使用。简单地说，CREATE项目的目标和方法是：在现有研究工具的核心基础上，酌情开发生产质量的（可用的、强大的）多物理场、高性能计算工程工具，以支持虚拟原型范式。另一个目标包括采用足够灵活的软件架构，以支持这些工具在不断发展的计算机架构和编程模型的环境中拥有很长的使用寿命。

对于像CREATE系列这样的工具来说，开发一个新的最小可行产品所需的时间可以轻松地达到几年。在CREATE项目的案例中，几个开发团队能够在第一年或第二年非常迅速地创造出最小可行产品，也就是确定了有用的现有软件应用程序（通常是单一的物理学研究软件工具），可以相当快地适应其客户群体，以解决一些最重要的需求。这给了开发团队宝贵的经验和观点，同时也表明正在取得进展。

例如，Kestrel团队以美国空军开发的计算流体力学（Computational Fluid Mechanics，CFD）求解器——航空器非结构化求解器（Air Vehicles Unstructured Solver，AVUS）为基础，进行最小可行产品的创建。这是一个来自其他技术来源的技术软件的例子，是表 3.1 中的第三个选项。该团队在一年的时间内将 AVUS 整合到其 Kestrel 代码架构中（Morton 2009）。2008 年，CREATE 项目采用了从传统到本地术语来描述将代码变成强大工程工具的方法，与更现代的术语“最小可行性产品”相一致。图 3.3 展示了最小可行性产品在基于物理学的软件中的应用。Kestrel 团队采用的最初概念是，从现有的核心 CFD 功能 AVUS 开始，逐步过渡到内部开发的功能更强的软件模块 kCFD。这种方法使团队能够迅速开发出最小可行产品，同时继续集中精力开发更强大的下一代模块。这些下一代模块将有几十年的使用寿命，可以由最初的开发者以外的人维护，可以对其进行修改，以便有效地运行在下一代计算机架构上。几年后，kCFD 逐渐取代了最初的 AVUS 代码。AVUS 为 Kestrel 团队提供了使用大型、先进 CFD 求解器的经验，并解决了支持用户、验证和确认软件修改、浏览发布程序、编写图形用户界面（Graphical User Interface，GUI）以及为高性能计算机开发和使用代码等挑战（McDaniel 2016）。

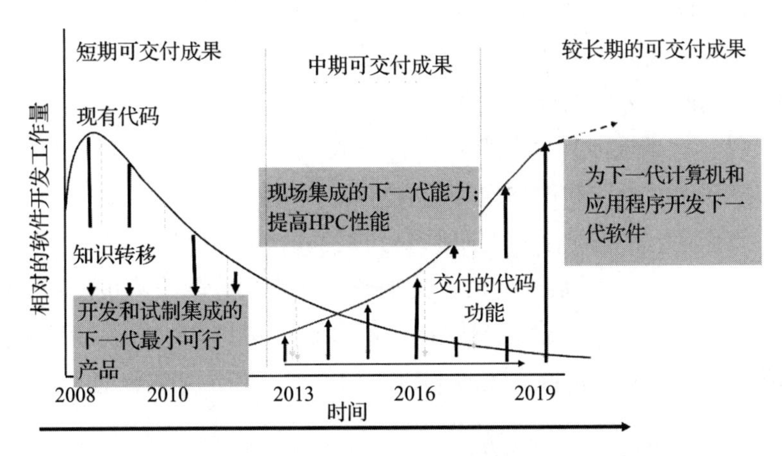


图 3.3　最小可行性产品在基于物理学的软件中的应用
（美国国防部 HPCMP 提供）

CREATE 项目开发的网格划分和几何图形工具 Capstone（Dey 2016）是一个基于 NURBS 的三维几何图形建模软件包，包括属性（材料等）。它采取了与 Kestrel 不同的组织方式。Capstone 需要创建其他 CREATE 产品（如 Kestrel）的物理求解器所需的网格。Capstone 团队最初与桑迪亚国家实验室（SNL）合作，提供 SNL 的网格划分和几何图形工具 CUBIT（Blacker 2020），以满足客户对网格划分和几何图形工具的需求。这给了开发团队更多的几何图形和网格工具的经验、支持用户和了解用户要求的经验，并提供了开发针对CREATE项目客户群的新模块代码所需的时间。

CREATE Helios软件应用最初是一个研究所项目，以满足旋翼机仿真所需的技术要求（Datta 2008和Johnson 2008）。CREATE AV项目经理对旋翼机设计界需求的调查也得出了同样的结论。然而，它仍然主要是研究代码，不具备设计工程师所需要的稳健性、可用性和其他功能。CREATE项目的航空飞行器团队开发了一个功能强大的旋翼机设计和分析工具Helios，用于高保真设计分析和虚拟测试。

## 3.4 知识产权管理

减少知识产权风险，首先要在开始开发任何重要的代码之前建立软件的知识产权。只是在外围参与开发工作的第三方可能会拥有对软件或关键组件的所有权，并要求开发方支付许可证费用。在产品构建中使用开源软件组件，可能会因为某些类型的开源代码许可证的开源披露要求而导致竞争优势的丧失。

基于物理学的高性能计算软件应用的开发、部署和维护历来是有风险的，有很多失败和成功的例子。软件的内部开发可以帮助控制风险（后续章节将详细讨论风险管理）。内部开发可确保开发团队得到足够的资源（管理支持、人员、资金、优先权等），从而开发出满足确定需求的的软件。内部开发还有助于在开发者和用户之间建立信任、合作和“命运共同体”的意识；用户也可以反馈包括关于软件缺陷、软件的易用性和实用性、文档，以及用户支持和培训的信息。

## 3.5 选择软件时考虑的因素

表3.3列出了选择表3.1的软件来源时需要考虑的一些重要因素。最好的选择是成功概率最高的。正如前几节所述，每个选项都有各自的优缺点，涉及许多权衡。与有形商品相比，软件是不透明的。尤其是外部开发的软件所提供的信息，有的是完整的文件，有的是可执行的二进制文件，但很少或没有描述算法或软件技术内容的文件。

表 3.3 从表 3.1 中选择软件时考虑的重要因素

| 能力要求 | 时间和成本因素 | 组织要素 | 知识产权保护 |
|---|---|---|---|
| • 软件的可用性<br>• 虚拟化产品开发或科学研究所必需的能力 | • 每个方案的实施期<br>• 获取软件并将其集成到工作流程中的成本<br>■ 获取软件和支持软件使用的外部 / 内部成本<br>■ 在组织工作流程中实施的内部成本<br>■ 计算生态系统其他部分的外部和内部成本（计算时间、数据存储、网络、IT 结构和支持等） | • 灵活切换到其他软件选项或其他软件源<br>• 软件源的短期和长期稳定性（最初的预期是，供应商和客户组织都在建立一种关系，这种关系将持续下去，只要采用者依赖虚拟原型范式进行设计和科学研究。）<br>• 将软件集成到产品开发或研究工作流程中<br>• 用户支持和培训<br>• 继续支持开发新功能以满足新的和不断变化的需求的可能性<br>• 计算生态系统中软件的性能 | • 软件升级权利的保障<br>• 保留软件生成的数据的知识产权<br>• 使用软件的有效许可证（合法权利） |

同样要认识到，开发和部署软件的人几乎不对软件的结果承担任何责任。软件用户通常承担所有的风险。

对于外部开发的软件，安排潜在用户试用该软件。与软件的其他用户联系，以获取以下信息：

- 软件培训和用户支持的满意度
- 软件开发团队的稳定性和能力
- 许可证成本的稳定性
- 费用取决于如何使用计算机（许多 ISV 根据使用的处理器或节点的数量收取许可费用）
- 软件的解决方案算法
- 验证和确认（Verification and Validation，V&V）策略以及验证数据的来源
- 更新频率和对故障（bug）报告的响应能力
- 用户对供应商的总体满意度
- 需要从其他供应商获得的其他软件（也要核查这些供应商，因为任何薄弱环节都具有破坏性）

商业软件往往大部分或完全是专有的，利于保持其竞争优势。

## 3.6 软件质量属性

在评估外部开发的虚拟原型软件（包括开源软件）时，不仅要评估它的真实性和功能，也包括它的质量属性。表 3.4 中列出了 14 个软件质量属性。

表 3.4　软件的质量属性

| 序号 | 质量属性 |
|---|---|
| 1 | 准确性 |
| 2 | 再现性 |
| 3 | 性能、时间表和交付 |
| 4 | 可进化性 / 可扩展性 |
| 5 | 模块化 |
| 6 | 成本可负担性 |
| 7 | 可部署性和可保障性 |
| 8 | 可用性 |
| 9 | 完整性 |
| 10 | 可理解性 |
| 11 | 可维护性和可持续性 |
| 12 | 可重用性 |
| 13 | 可移植性 |
| 14 | 不确定性的量化 |

### 1. 准确性

计算和预测的准确性是计算工程和科学研究工作的非常重要的要求。准确性意味着计算解决方案可以作为工程或科学决策的基础而被信任。不准确的工程解决方案会导致产品缺陷和质量不合格，以及性能上的不足。设计不良的桥梁会坍塌，设计不良的建筑物也不能在地震或飓风中幸存。不准确的研究软件会导致错误的结果（现象和效应）。准确性如此重要的主要原因是，所有基于科学的计算机模型都是基于近似值的，必须使它们尽可能准确，并且能够量化它们实际的准确度。

准确性和实用性密切相关，不仅是软件产生可描述性的准确的结果，而且具备易用性。这就要对建模假设、输入变量（包括单位和默认输入）的定义和例子以及软件的有效性范围做出明确的描述。一个好的做法是开发一套测试问题，向用户提供输入数据和预期输出结果。

### 2. 再现性

用户必须能够通过软件获得可再现的结果。这不仅是科学方法的要求，而且对于开发软件和维持用户对软件预测和分析的信心也是至关重要的。编程错误或软件设计不当会造成再现性不足。这些错误可能包括没有正确处理并行计算的竞争条件，输入条件不佳，以及算术处理方式不同（单精度或双精度）。再现性对于统计求解方法（如蒙特卡罗方法）来说特别具有挑战性。

**3. 性能、时间表和交付**

计算结果需要按时交付。计算工程的目标是为产品开发决策和项目执行提供所需的设计和分析信息。项目是要有阶段计划、时间表、最后期限的。在必须做出决定的时候，没有可用的信息比无用的信息更糟糕；这会阻止项目继续执行甚至导致失败。

**4. 可进化性 / 可扩展性**

用户对软件特性和功能的需求变化推动软件不断进化。因此，软件的设计必须使新的特性和功能能够尽可能容易地被添加。这是一项具有挑战性的任务。只有当软件不被使用时，它才不再需要扩展。在某些时候，根据软件架构和设计，继续扩展软件的特性和功能所需的成本和时间通常会大于替换它的成本和时间。可进化性与可扩展性的意图大致相同，但前者更积极。可进化性意味着软件开发团队积极地、独立地跟踪和预测用户需求，并制定计划来升级软件以满足这些需求。CREATE项目中的一个例子是Kestrel航空器软件。Kestrel最初设计于2007年底，用于评估和预测亚音速、跨音速和超音速固定翼飞机的性能。高超音速研究界愿意与Kestrel开发团队分享其算法的细节。Kestrel是一个灵活和可扩展的软件架构，包括使用轻量级框架，以及高度模块化的结构。Kestrel开发团队目前正在升级Kestrel，以便应用于高超音速问题。

**5. 模块化**

模块化指的是软件可以被分离和重新组合以降低复杂性。模块的组织和结构定义了软件的结构。模块通过明确定义的、大部分自成一体的应用程序接口（Application Programe Interface，API）与软件程序的其他元素进行通信。每个模块至少执行一个特定的功能，以使软件程序尽可能简单和透明。与使用单一的源代码文件相比，模块化的优势是更易于调试和软件维护，以及更简单的升级。

**6. 成本可负担性**

获取、维护和使用软件的成本受到获取软件访问权限的资源范围的限制。新类型软件的软件评估应考虑添加额外功能的成本，这些功能将在以后需要时添加。对于收取许可费的软件，重要的是尽可能地锁定长期成本。使用软件产品的成本还必须考虑将软件纳入组织工作流程、用户培训和持续维护的成本。

**7. 可部署性和可保障性**

每个软件应用程序都需要部署给用户，用户需要得到持续的软件使用培训和软件维护支持。许多组织低估了软件维护的重要性。正如很多次提到的，只要用户还在使用软件，就必须得到软件维护的支持。

**8. 可用性**

软件的用户体验质量决定了软件的可用性。可用性好的软件是直观的、容易学习的、难以忘记的、快速完成任务的并且没有错误的，是一个很高的要求。可用的软件是用户喜欢使用的软件。有一些工具和协议可以帮助评估可用性。

**9. 完整性**

对于软件来说，完整性有多种含义。例如，它是安全的同义词，也就是说，软件没有可利用的缺陷。这个术语也被用来指软件没有经历过任何未经授权的改变。通常完整性被用来描述软件质量。例如，具有完整性的软件具有以下特征：

- 按照公开的要求执行。
- 可以通过测试来证明其完整性。
- 不存在安全漏洞。
- 可以很容易地修改而不引入新的编程缺陷。
- 易于理解。
- 有良好的文档记录。

**10. 可理解性**

可理解性是有助于软件可维护性的一个关键质量属性。充分的、可读的文档是实现可理解性的首要条件。在软件生命周期中，维护成本是最大的成本之一。用于软件维护的很大一部分时间可以归于试图理解开发软件的目的。在可行的情况下，任何软件方案都应该确认这一属性。

**11. 可维护性和可持续性**

软件的可维护性是指实现以下目标的容易程度：

- 在不破坏工作部件的情况下，可以纠正缺陷。
- 产品（软件）的使用寿命可以被最大化。
- 产品（软件）可以适应新的操作环境。

- 在开发过程中产生的“技术债务”最小化。

可维护性是决定软件生命周期的重要属性，维护虚拟原型范式的软件也一样。只要产品被使用，可维护性就很重要。

**12. 可重用性**

可重用性是指使用现有的软件开发新功能。模块化设计和编程语言（如 C++ 中的函数和类）的使用促进了软件开发的可重用性。重用经过测试的代码可以减少软件开发的时间，提高软件的可靠性（Basse 2008）。但是，对于软件的重用，必须非常谨慎。一些最引人注目的软件失败是由没有经过充分测试的重用软件造成的。

**13. 可移植性**

对于软件来说，可移植性是指软件可以从一个计算环境转移到另一个计算环境的难易程度。计算机硬件的生命周期是以几年为单位的，但数字工程软件的生命周期往往是以几十年为单位的。因此，这是一个重要的属性。用 Fortran 或 C++ 编写的应用软件通常是可移植的，而用汇编语言编写的软件则是不可移植的。

可移植性是可重用性的一种特殊情况。计算机的预期寿命为 3 ～ 5 年；在那之后，它基本上就被淘汰了。购买一台新的计算机比继续使用旧计算机更便宜。随着计算机的老化，需要更多的维护，维护成本上升，零件也变得难以获得。当计算机性能按照摩尔定律曲线不断提高时，情况尤其如此。与传统的可重用性一样，需要对新计算机的软件进行验证和确认。通常情况下，新旧计算机的软件结果之间的差异很小，但很少有完全相同的情况。不同的处理器执行运算的方式可能略有不同，可能使用不同的精度。

**14. 不确定性的量化**

软件产生的结果足够好吗？你对软件依赖程度有多少？结果对什么影响因素最敏感？结果正确吗？

本书的其余部分主要关注内部开发的软件。

## 3.7　影响内部软件开发的因素

为高性能计算机开发基于物理学的系统体系软件是一项具有挑战性的任务。

对于数字产品设计和科学应用，这类软件涉及以下复杂因素：

- 具有复杂非线性现象的物理学。
- 数值求解算法。
- 处理器和内存结构不断变化的大规模并行计算机。
- 涉及使用多种不同的复杂计算机语言的编程范例。
- 客户要求。
- 用户社区。
- 产品开发文化和社区将使用软件应用程序来简化复杂产品和系统的设计和分析。

本书后续章节将讨论这些复杂性带来的风险。

**1. 复杂的物理学和数学**

经过测试的产品设计和科学仿真是由基于普遍有效的物理学定律的软件应用程序产生的。例如，飞机机翼的升力是由穿过机翼的气流的伯努利方程来表征。如果机翼的形状不能产生足够的升力，飞机将无法离开地面。此外，许多不同的物理效应的相互作用决定了飞机的性能。例如，穿过机翼的气流提供了推动机翼向上的升力。然而，升力可以改变机翼的形状，这反过来又会改变气流。

掌握所有物理效应的知识和准确求解相关方程的计算技术需要专业学习。对于飞机设计，需掌握几十个航空工程技术，如流体流动、流体力学和动力学，以及飞行控制等。学习其他感兴趣的物理系统（如大型射频天线）涉及不同种类的物理和工程知识，包括麦克斯韦方程、波浪方程的解决技术和其他种类的计算数学知识。

**2. 复杂的计算机和编程模型**

今天的超级计算机是高度复杂的。它们有非常复杂的架构、组件布局、通信网络和内存架构。一个典型的计算机的微处理器可以有多达50亿个晶体管，并可能与其他10万个微处理器互连，每个微处理器都具有类似的复杂程度。开发高效算法和软件来使用这种硬件，需要相当多的编程专业知识和对算法的详细了解。计算机行业的竞争非常激烈。随着每个微处理器公司和计算机制造商试图维持摩尔定律（Moore 1965）中描述的计算能力的增长，计算机的结构复杂性增加了，大大增加了编程负担。这种复杂性催生了编程模型，它既不同于编程语言，也不同于应用程序接口。这些编程模型是连接编程语言和硬件架构的抽象概念。目前主流的并行计算机架构编程模型已经稳定了几十年，是基于消息传递的。它正在演变为一个可以处理支持加速器（如通用图形处理单元（General-Purpose Graphical Processing Unit，GPGPU）的混合架构。由此，高性能计算软件应用必须不断升级，以便能够在下一代高性能硬件上运行。

大学计算机科学系很少教授这种多学科的知识。需要掌握工程、物理和计算数学的相关领域知识，再加上多年的经验，才能够开发出用于设计复杂系统的优秀软件工具。此外，这些代码不是"黑盒子"，新手可以用它来设计复杂系统。如前所述，专业人员使用虚拟原型工具创建一个可行的设计以满足性能目标或进行可信的科学研究。

**3. 复杂的组织**

基于物理学的软件开发和部署社区以及软件用户社区（产品设计工程师和科学研究人员）也非常复杂。在许多情况下，这些社区是政府机构、学术机构或大型工业企业的一部分，这些组织有既定的企业文化、价值观和结构。这些企业文化可以追溯在计算机变得像今天这样强大和无处不在之前的几十年或更早。从专注于硬件开发或实验科学的文化转变为专注于软件系统开发的文化，涉及具有挑战性的范式转变。软件的开发和使用需要与硬件开发不同的方法论、实践和途径。此外，数字孪生、虚拟原型所需的复杂的、技术性的、系统体系软件的"要求"不可能在一开始就被详细具体地说明（Brooks 1995）。此外，管理开发技术软件的知识工作者需要一套不同的软件开发项目的技能和方法。

在许多情况下，软件必须由分布在不同地点的团队开发，尤其当第三方参与软件开发时。随着互联网接入、移动电话、即时通信、电子邮件、文件传输、远程会议和远程工作软件以及其他通信手段的改进和变得更加便宜，这些团队成员可远程工作。CREATE 项目一直在以这种方式运作。它有多达 130 名工作人员，分布在美国各地 30 个不同的机构。

第4章
Chapter 4

# 虚拟原型软件工具

本章将介绍虚拟原型软件工具。一般来说，一个工具不能做所有事情。

## 4.1 引言

前3章描述了虚拟原型是产品开发和科研的范式，还强调了它在现代产品开发和工程科学研究中的关键作用。本章将介绍虚拟原型软件的工具，并说明它们在产品开发工作流程中的作用。

根据我们的经验，大多数旨在支持虚拟产品设计和分析或者科学研究的软件组件都可以追溯到研究代码，这些代码通常只供其开发者使用。这一观点并不适用于FLASH（Fryxell 2000）和GAMESS（Gordon 2020）这样的研究代码，它们从一开始就是为社区使用而开发的。然而，它确实适用于大多数的CREATE工具和许多商业工程软件产品。在许多情况下，多物理场CREATE软件的基础是由美国国防部研究实验室或联邦机构（如NASA和美国能源部）开发的单物理场研究代码。NASTRAN（Mule 1968）和LS-DYNA（Hallquist 1976）是起源于研究机构的工程代码的商业例子。产品设计和科学研究团体所面临的一个关键挑战是弥合这些纯研究型软件与生产型产品开发和科研软件之间的差距（它们的对比见表4.1），以提供可再现的结果（Barba 2016）。

表4.1　纯研究型软件与生产型产品开发和科研软件的对比

| 对比项目 | 纯研究型软件 | 生产型产品开发和科研软件 |
| --- | --- | --- |
| 软件的用途 | 推进研究（通常通过出版） | 促进产品设计或科研 |
| 客户群体 | 主要是其他研究人员 | 开发工程师和科研学人员 |
| 可交付的文件 | 主要由开发人员使用的可执行文件，很少或没有其他用户 | 为非开发者的用户提供用户支持的生产质量软件 |

（续）

| 对比项目 | 纯研究型软件 | 生产型产品开发和科研软件 |
| --- | --- | --- |
| 采用软件工程实践和过程 | 极小到不存在 | 具有可用性、可靠性、再现性和易用性 |
| 重视软件质量的程度 | 低——通常不重用软件 | 高——必须达到或超过商业软件标准 |
| 强调文档的程度 | 低——通常开发人员是唯一的用户 | 高——文档还包括教程、培训和视频 |
| 开发团队规模 | 小规模——有时只有一个研究人员 | 10 人以内的小型团队或小组 |
| 团队组成 | 研究人员 | 多学科团队，包括计算机领域专家、软件工程师、数据库专家和其他人员 |
| 强调准确性的程度 | 高 | 与设计或研究过程的阶段相匹配 |
| 用户支持 | 仅有对开发人员的非正式支持；对外部用户几乎没有错误修复或新功能 | 专有用户支持、错误修复、功能增强 |

一个小团队甚至个人开发代码可能只需要几年的时间，而一个多学科的、紧密的团队可能需要几年甚至几十年的时间开发一个可供外部设计工程师、分析师或科研人员有效使用的高性能计算设计和分析工具。

## 4.2　实现产品虚拟原型的软件工具链

通常，虚拟原型不是单个软件工具的输出。稳健的产品设计由软件工具链创建，包括：

- 用于创建产品模型的网格和几何图形工具
- 探索设计空间的概念设计工具
- 支持详细设计和虚拟原型测试的性能分析工具
- 支持产品制造、维护和升级的运营支持工具

除了设计阶段，在其他阶段 CAD 和 CAM 制造工具也发挥了作用。

表 4.2 列出了虚拟原型软件工具链中常见的产品设计工具种类和任务。

**表 4.2　虚拟原型软件工具链中常见的产品设计工具种类和任务**

| 产品设计工具种类 | 任务 |
| --- | --- |
| 需求管理工具 | 需求收集和定义 |
| 几何图形和网格生成工具 | 用于概念设计和设计分析的三维产品模型开发 |
| 概念设计生成工具 | 三维数字产品模型的生成（数字设计选项） |
| 概念设计分析工具、操作性能工具 | 支持概念设计选项的性能评估 |
| 交易空间分析工具 | 评估候选交易空间，选择最佳设计方案 |

（续）

| 产品设计工具种类 | 任务 |
| --- | --- |
| 可制造性分析工具 | 可制造性设计 |
| 高保真的基于科学的设计和分析工具，以及其他所需工具 | 1）详细的设计分析和设计的虚拟测试<br>2）通过取证支持产品生产（生产和制造）以识别设计缺陷，并在发现缺陷时进行修复 |
| 产品部署和维护工具 | 支持产品部署和最终物理测试，以及升级的性能分析 |
| 软件部署和维护工具 | 支持软件的持续开发和部署、用户支持以及培训 |

通常，虚拟产品设计工具可以支持这些任务中的一个以上。许多产品设计工具的版本都可以从独立的软件供应商那里获得。商业例子包括 ANSYS、COMSOL、MATLAB、NASTRAN、Cobalt 和 LS-DYNA。开源软件工程和科学工具（如 OpenFOAM）也是可用的。下面内容取自 CREATE 工具链。

**1. 需求管理工具**

有两种类型的需求管理工具：软件需求管理工具和产品需求管理工具。软件需求管理工具的重点是捕捉、记录、跟踪需求和确定需求的优先级。数以百计的商业和开源的工具可以帮助完成这些任务。目前，CREATE 项目开发团队倾向于用 Jira-Agile 来管理日志的需求（Jira-Agile 2021）。

许多相同类型的工具可以用来管理产品需求。目前的趋势是用初步设计工具来捕获它们，以促进探索复杂的、相互依赖的需求的可行性。在 CREATE 系列中，飞机设计、分析、性能和交易空间（Aircraft Design，Analysis，Performance，and Tradespace；ADAPT）以及快速船舶设计环境（Rapid Ship Design Enviroment，RSDE）是这类工具的例子。ADAPT 和 RSDE 在后面的章节中会有更完整的描述。例如，ADAPT 支持美国国防部的固定翼飞机的前期需求开发。就像潜在的设计被记录在数字模型中，需求也可以被记录在模型中。RSDE 支持船舶的前期需求开发。

**2. 几何图形和网格生成工具：数字产品模型**

每个计算分析都是从产品的数字表示（数字产品模型）开始的。一个典型的数字产品模型可能是一个基于非均匀有理 B-splines（NURBS）的产品三维几何图形的表示，包括相关的属性，属性包括几何图形的每一部分的材料组成和其他定量的产品特征。需要软件工具来产生这种数字表示。数字产品模型是数字孪生的一个组成部分，它提供了对产品几何图形和结构的最新的、明确的描述。在产品设计和开发过程中，数字产品模型是填充设计方案的交易空间的起点，是自动化设计优化的助推器。数字产品模型也是开发产品性能的详细计算分析所需的三维数值网格的起点，也是部件制造的起点。三维 CAD 模型是以数字产品模型为基础的。

数字产品模型可以在产品的整个生命周期内持续更新，并可跟踪其历史、性能和维护，直至生命周期结束，这是数字孪生理念的体现（Kraft 2019）。

许多有能力的商业工具可用于这项任务。这些工具往往倾向于使用特定的模拟工具或工具集。CREATE 项目开发了网格划分和几何图形工具 Capstone（Dey 2016），将其作为开源产品发布，以确保满足设计和分析工具的具体需求。Capstone 是一个 CAD 中立的应用程序，提供了前面描述的两个重要功能：

1）开发复杂物理系统的几何图形表示（数字产品模型）的能力。

2）由产品模型生成网格的能力。有效和容易产生的具有所需精度的网格是 CREATE 项目中设计和分析工具的基本出发点。

Capstone 项目中的设计工具是为了在最大限度上使几何图形和网格在新产品的设计和分析中的使用自动化，这从候选设计方案的几何图形表示开始。然后，这可以自动化的方式快速地设计建立一个“无懈可击”的网格。图 4.1 说明了几何图形和网格之间的区别。

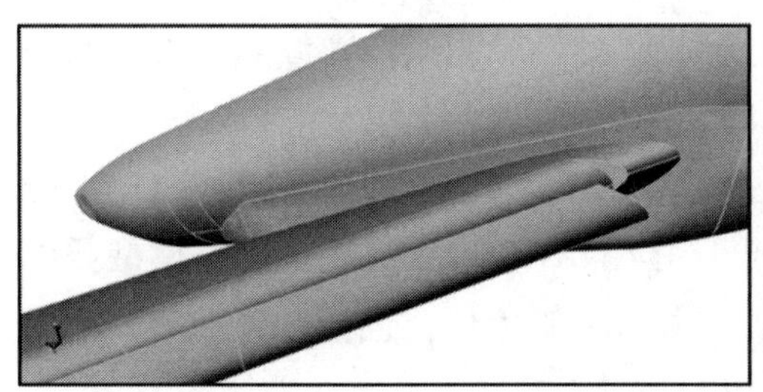
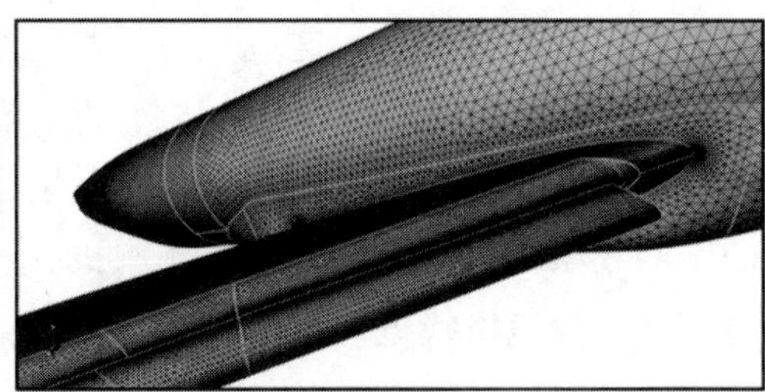

图 4.1　连接机身和机翼的几何图形和网格示例
（由美国国防部 HPCMP 提供）

基于网格，设计师使用高保真分析工具来提高性能，并进一步优化设计。修改几何图形并生成新的网格要比直接修改网格容易得多。在没有连接到几何图形的情况下，网格的修改往往是劳动密集型的，需要工程师技术娴熟且经验丰富。数字几何图形和网格划分工具（如 Capstone）的另一个关键功能是通过使用基于布尔逻辑的算法，将组件无缝连接到现有的几何图形。由此，设计工程师可以很容易地将组件添加到现有的设计中，如在现有的船体上添加甲板室或发动机，或在飞机机身上添加喷气发动机和控制面。

**3. 概念设计生成工具**

概念设计生成工具用于生成产品的潜在数字实例族（或空间），以及相关的产品元数据、产品和设计分析数据。

在 CREATE 系列中，ADAPT（Meakin 2017a 和 b）和 RSDE 是概念设计生成工具。

ADAPT 允许飞机设计师使用集成在一个共同框架中的多学科工具来填充固定翼飞机的设计空间。设计师可以从先前设计的部件中选择和修改机翼、机身和推进部件，还可以选择、调整和重新安排飞机设计中的内部部件以满足设计目标。ADAPT 支持高效构建和维护航空器模型，包括参数化的几何图形，还包括防水性能的外部几何图形、内部结构、子系统布局、体积和质量属性。

RSDE 可以生成众多候选船舶设计。接下来介绍使用综合船舶设计环境（IHDE）工具套件（Wilson 2016）对每个候选船舶设计进行稳定性、阻力以及结构设计和分析的初步评估。

**4. 概念设计分析工具**

利用概念设计分析工具可对性能、成本、运行效率、预期寿命和与设计要求的一致性等进行分析，这些分析通常是基于回归分析、相关性、经验模型以及制约性能和成本的重要因素的简化物理模型的。

已经作为概念设计生成工具介绍过的 ADAPT 和下一段描述的 IHDE，是 CREATE 项目中概念设计分析工具的例子。用 ADAPT 开发的数字产品模型可以通过其飞行包络线进行虚拟测试，以评估基本的性能特征，包括任务性能，并通过不确定性量化和敏感性分析提供决策支持。

IHDE（Wilson 2016）整合了一套美国海军的船体设计和分析工具，允许用户以简化和快速的方式评估设计性能（见图 4.2）。IHDE 提供了一个建立数字产品模型的高度自动化的环境（包括自动分析准备、自动网格生成、并行执行和综合可视化能力），即用本地或 HPC 资源进行分析，并验证不同保真度的水动力结果。IHDE 每个工具都有不同的界面和输入格式，在几天到几周的时间内就可以完成一个以前花几个月才能完成的项目。单体和多体水面舰艇（包括双体和三体舰艇）利用 IHDE 可预测平静水域中的阻力、波浪中的稳航行为、波浪冲击造成的水动力载荷，以及可操作性。IHDE 还包括一个分析工具验证引擎，通过利用历史模型测试数据和最佳实践的预计算方案，为用户提供验证信息，以便进行用户驱动的比较。

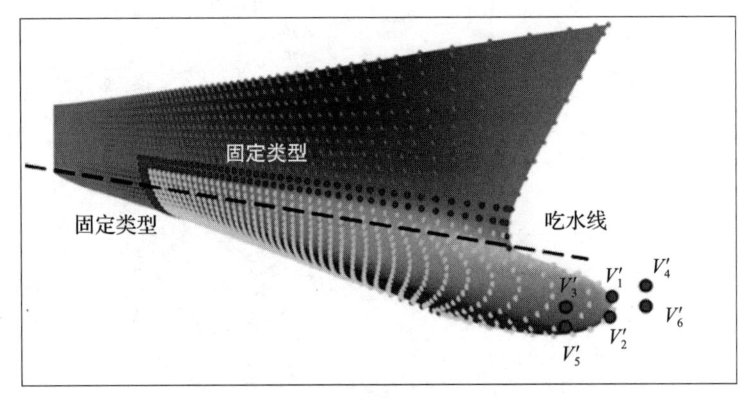


图 4.2　IHDE 船型优化示例
（由美国国防部 HPCMP 提供）

**正确的保真度**

基于科学的分析软件的准确性随着分配给它的计算机资源（如计算机运行时间、数据存储容量、处理器数量、处理器速度等）的增加而增加。更高的准确性需要更多的计算机资源，特别是计算机运行时间。较低的准确性一般需要较少的资源。正确的保真度这一术语描述了计算机资源和解决方案的准确性之间的权衡。正确的保真度分析的目标是使所需的准确性与可用的资源相匹配。

**5. 交易空间分析工具**

交易空间分析工具有助于对设计选项进行权衡分析。每个初始设计都包含在一组特定的设计变量（通常是设计的物理方面）中。所有设计选项所涵盖的空间就是交易空间。权衡是在不同设计变量的优势之间做出选择。交易空间分析是对交易空间的搜索，以确定最佳交易及其对决策者的价值。交易空间分析的目标是使成本最小化或在给定成本下性能最大化的选项。优化是交易空间分析工具的关键功能。前面章节中描述的 ADAPT 为固定翼飞行器设计提供了这种功能。

RSDE 已被用于推进美国国防部海军采购项目中的基于集合的设计（Singer 2009 和 Gray 2017），它也被用于美国国防部的许多船舶设计研究。RSDE 设计方法允许在流程的后期对舰艇设计进行降级选择，这时对权衡的理解会更加充分。

RSDE 的功能架构如图 4.3 所示。这些功能都是由图 4.3 的产品模型数据库支持的，且相互之间是迭代的。

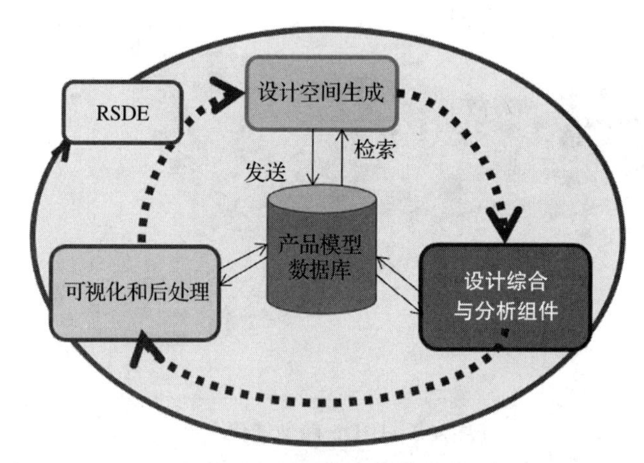


图 4.3 RSDE 的功能架构
（由美国国防部 HPCMP 提供）

**6. 操作性能工具**

操作性能工具评估产品设计的操作条件和操作任务的性能。过去一直使用传统的启发式的建模和仿真工具，但现在使用代理、降阶或系统识别方法提高保真度，ADAPT 和 RSDE 都具有这些特点。

**7. 高保真的基于科学的设计和分析工具**

高保真、多物理场设计和分析工具有助于更准确地预测从交易空间分析中选择的设计选项的性能特征。这些工具可以对所选设计选项的性能进行虚拟测试，这些设计选项在细节和保真度方面与物理原型的物理测试相似。一个被广泛认可的虚拟原型的主要优点是，它可以通过在产品开发早期，即在构建和测试物理原型之前，就可识别设计缺陷和不足，从而大大减少产品开发的时间、成本和风险。

CREATE 项目中高保真设计和分析工具见表 4.3。

表 4.3 CREATE 项目中高保真设计和分析工具

| 工具应用领域 | 工具名称 |
|---|---|
| 飞行器 | Kestrel（高保真、多物理场、固定翼飞机的整机分析）<br>Helios（高保真、多物理场、旋转翼飞机的整机分析） |
| 军舰 | NavyFOAM（高保真、多物理场、全船水动力性能分析）<br>NESM（高保真、多物理场、全船冲击损伤评估） |

（续）

| 工具应用领域 | 工具名称 |
|---|---|
| 射频天线 | SENTRi（与平台结合的电磁天线设计与分析） |
| 地面车辆 | Mercury（基于物理学的建模与仿真工具，用于地形力学和地面车辆系统及部件；支持悬架、轮胎和轨道、土壤建模和动力系统的仿真） |

（1）Kestrel

Kestrel 可以准确地预测美国国防部固定翼飞行器的性能。它整合了计算流体力学、结构动力学、推进力和控制，用于亚音速到超音速飞机的运行。图 4.4 给出了 Kestrel 数字飞机设计和分析工具的结构。图 4.4 也说明了现代数字代理分析工具中的多物理场术语的含义，它包括了控制整个飞行器性能的所有特征，而不仅仅是子系统。

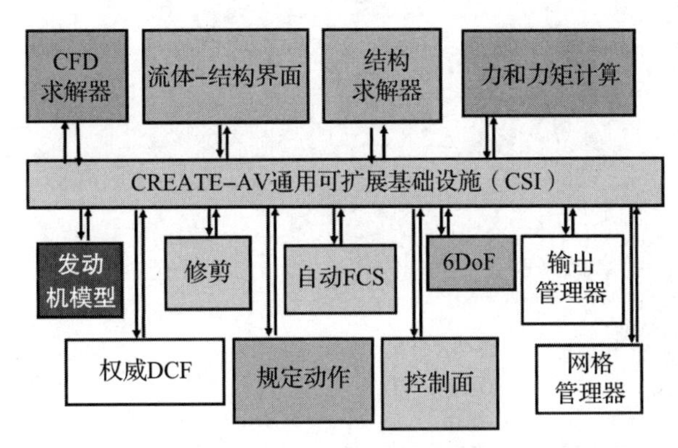


图 4.4　Kestrel 数字飞机设计和分析工具的结构
（由美国国防部 HPCMP 提供）

利用 Kestrel 可实现：①在关键决策点之前以及在制造试验品或全尺寸原型之前验证设计；②计划和演练风洞和全尺寸飞行试验；③评估计划的（或潜在的）操作使用场景；④执行飞行认证（适航性、飞行包络线扩展、事故调查等）；⑤生成可用于初始设计工具（如 ADAPT）、飞行模拟器和其他需要实时访问性能数据的环境的响应面。

（2）Helios（由 ADD-Ames 中心的 Andy Wissink 提供）

Helios 是另一个用于航空器的高保真、多尺度、多物理场设计和分析工具。它与 Kestrel 类似，用于旋转翼飞机。Helios v10.0 可以计算全尺寸旋翼飞机的性能，包括机身和旋翼（Wissink 2019 和 2020，以及 Hariharan 2016）。Helios 可以处理任意的旋翼配置，也可以分析和预测规定动作，并与旋翼空气结构动力学紧密耦合。Helios使用高阶数值方法和自适应网格细化对转子叶片尖端的旋涡脱落进行高度精确的处理，从而具有独特的能力来评估涉及旋涡与机身和附近转子叶片的相互作用的空气动力学。Helios还能生成符合机体要求的网格，根据用户提供的几何图形和所需的分辨率，在运行时进行表面和体积网格划分。自动体积网格划分是结合自适应笛卡儿体外网格使用近体网格进行的。自动生成的网格上的计算结果达到了与传统的非结构化和结构化计算相同的精度水平。图4.5显示了Helios对倾斜旋翼机的交互空气动力学仿真。

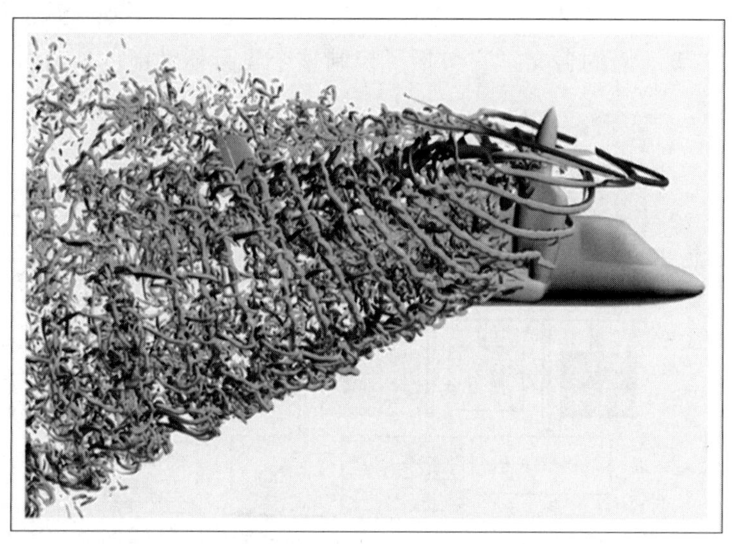

图4.5　Helios对倾斜旋翼机的交互空气动力学仿真

（最初由垂直飞行协会（VFS）发布："CFD Calculations of the XV-15 Tiltrotor During Transition", Tran, Lim, Nunez, Wissink, Bowen-Davies, VFS论坛75, 2019年5月）。

（3）NavyFOAM

NavyFOAM是一个完全并行化的多物理场计算流体动力学工具，采用现代的面向对象编程进行开发（Kim 2017）。它可以进行高保真的流体力学分析和预测船舶性能，包括阻力、推进力、机动性、航海和航道载荷。NavyFOAM是基于OpenFOAM的库和代码架构的。在此基础上，NavyFOAM团队增加了一些功能，以获取空海界面和其他对海军舰艇的重要影响，并且已经证明了一些目标应用的实验数据的准确性，这些目标应用包括水动力阻力、螺旋桨特性、船体/螺旋桨的相互作用，以及水下航行器和水面舰艇的六自由度（6DoF）船舶运动。

NavyFOAM 提供了一套适合特定应用的 Navier-Stokes 流动求解器，包括单相和多相求解器，可用于评估替代船体和推进器设计。使用 NavyFOAM，用户可以评估船舶在各种操作（包括海底和水面操作）条件下的性能。它的模块化特点加快了与第三方软件的耦合和多学科软件的合作开发。NavyFOAM 的虚拟拖曳槽（Virtual Towing Tank，VTT）、虚拟旋转臂（Virtual Rotating Arm，VRA）和虚拟船舶动力（Virtual Ship Powering，VSP）功能为工作流程的自动化提供了一个框架，极大地提高了吞吐量并大大减少了人为错误。

（4）NESM

NESM 基于由美国能源部和桑迪亚国家实验室开发的冲击分析工具 Sierra Mechanics，使用精确的 HPC 工具评估船舶和部件对外部冲击和爆炸的响应（Moyer 2016）。NESM 还可以减少船舶级物理冲击试验所需的时间和费用。此外，在做出最终部件布置和安装决策之前，可通过评估计划中的部件安装的冲击性能来改进初始船舶设计流程。紧密耦合的多物理场功能包括结构动力学（隐式线弹性求解器）、固体力学（显式塑性求解器）、流体动力学（欧拉求解器）和流固耦合之间的相互作用。NESM 中的解决方案算法利用大规模并行计算机并扩展到数千个核心，提高了处理效率，并用于全尺寸海军舰艇（包括下一代航空母舰和潜艇）。NESM 为下一代海军系统和平台的设计做出了重大贡献，支持实弹测试前的船舶测试规划和预演，并评估计划（或潜在）作战使用场景。

（5）SENTRi

SENTRi 是强大而高保真的全波电磁预测代码，用于复杂结构的建模，如天线和微波电路的射频建模。它包括具有多尺度特征的高度异质材料结构。一个关键目标是计算平台上嵌入的多天线系统的同步性能。它的电磁特征是采用先进的混合有限元边界积分技术求解麦克斯韦方程组，从而解决大型复杂问题。SENTRi 用于天线设计、天线原位分析、电磁干扰、电磁兼容性、材料建模、微波设备分析、相控阵天线系统和孔径。

（6）Mercury[1]

Mercury 是一个模块化的、基于物理学的软件应用程序，用于模拟轮式和履带式地面车辆（Ground Vehicle，GV）的工程级性能测试。Mercury 使用一个通用

---

[1] 地形力学和地面车辆系统的建模和模拟，由美国陆军工程兵部队工程师研究和发展中心的 Jody Priddy 提供（Lynch 2017）。

的多体动力学求解器来模拟各种车辆配置和悬架类型（包括双叉骨、麦弗逊支柱、拖曳臂、实心轴等）。额外的悬架模板可以通过模块化的车辆结构方便地添加。Mercury 模块被整合到一个灵活的、面向对象的框架中，并可根据需要添加新的模块。Mercury 中的三维地面接触元素（Ground Contact Element，GCE）软件库可模拟车轮或履带与地面之间的车辆 - 地形交互作用。GCE 预测各种土壤条件下的动态牵引力，包括不同土壤强度下的黏土、沙土和黄土混合物。Mercury 预测软土性能的能力是军用车辆分析的一个关键特征，以区别于其他商业化的基于物理学的车辆模拟器。Mercury 的其他功能和特征开发领域包括控制系统（如防抱死制动系统和牵引控制系统）、履带式车辆部件，以及与无人地面车辆相关的传感器 - 环境互动。地面车辆的自治性是一个新兴的功能开发领域。

可模拟粗糙地形上的行驶质量、离散障碍物上的冲击、软土中的通行限制、J-Turn 处理、NATO 双车道变换处理、最大速度、爬坡和翻滚稳定性等的性能测试。

上一代的虚拟设计和分析工具是单一物理学的应用，侧重于产品部件，而不是整个产品。目前这一代是多物理场的应用，以整个产品为重点。Kestrel、Helios、NESM、NavyFOAM、SENTRi 和 Mercury 代表了目前多物理场设计和分析工具的发展。

之前描述的所有例子都来自 CREATE 项目。VERA 是由美国橡树岭国家实验室（属美国能源部）管理的 CASL（CASL 2021）联合体开发的，它是一个多尺度、多物理场、高性能的虚拟反应堆设计工具，具有化学、热力学、热水力学和中子学组件。

VERA 的结构类似于 Kestrel 和其他现代多物理场设计和分析工具（见图 4.6）。决定性的特征是物理总线，它把物理学和网格联系起来。

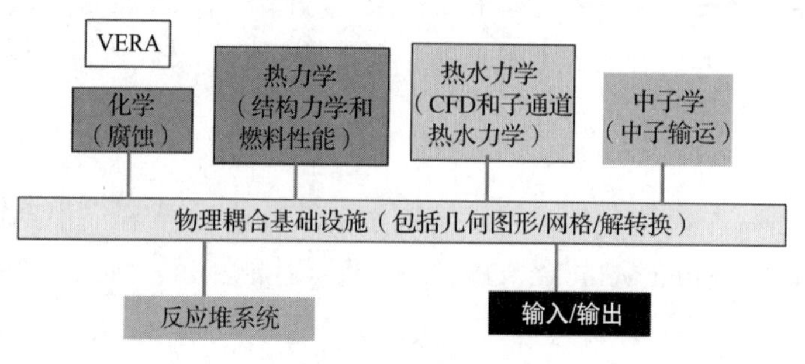


图 4.6　VERA 的结构

（基于 Paul Turinski 的介绍，CASL-U-2013-0217.pdf）

**8. 工作流程工具**

使用前面描述的工具，工作流程工具尽可能地使产品设计工作流程更加便利并使之自动化。它还可以捕获工具所产生的信息。DOE 实验室和 HPCMP 已经开发了这方面的工具，商业供应商也是如此。

**9. 可制造性分析工具**

可制造性分析工具可提高制造和生产最终产品的能力。这包括减少制造时间和成本，提高产品质量。制造过程的取证分析可以在制造开始后进行，以改进可制造性和可制造性分析工具。这些工具还没有构建到 CREATE 项目之中，但业界正在采取措施；将它们与 CAD 工具相匹配的工作已经在进行中。

**10. 产品的部署和维护工具**

产品的部署和维护工具解决了产品在整个生命周期内的维护和设计修改。这些修改的影响需要进行评估，评估通常需要的软件工具与设计原始产品的软件工具相同或相似。Kestrel 已经被用来研究设计修改对飞行器性能的影响。除了 Kestrel 还包括评估产品生命周期和寿命性能（例如，由于断裂、疲劳、裂纹增长、腐蚀、侵蚀和烧蚀等引起的寿命问题）的工具。

**11. 软件的部署和维护工具**

这些工具为用户提供支持，包括识别和修复错误、捕捉新的需求、评估性能问题和将软件移植到新计算机架构的新计算机平台上。

## 4.3　工作流程

产品开发的工作流程的兼容性是虚拟原型的设计要求之一。工作流程是首先存在的，但工作流程也会受到软件使用的影响——事实上，通常被软件使用改变。此外，改变工作流程往往会促使首先部署虚拟原型软件，即使这只是加速进度的步骤。

下面以 DoD 5000 采购工作流程为例来说明，图 4.7 给出了其简化形式。

工作流程从任务需求的确定开始，并由决策点（图中 A、B 和 C）分成不同阶段。在决策点 A，考量这个设计的成熟度和可否用于制造。在决策点 B，决定建造产品的物理原型。在决策点 C，决定进行低速率生产。CREATE 系列虚拟原型软件的开发旨在强调工作流程的设计和工程开发阶段进行虚拟测试，特别是在图 4.7 中的技术成熟与风险降低阶段。

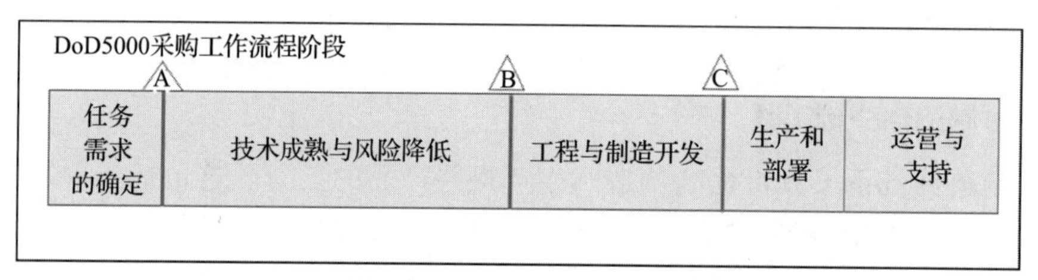


图 4.7　带有决策点的 DoD 5000 采购工作流程
（由美国软件工程研究所（SEI）提供）

CREATE 软件工具支持这个工作流程的一部分或全部。例如，SENTRi（射频天线设计工具）、RSDE（船舶概念设计工具）、IHDE（水力性能分析工具集）和 ADAPT（飞机初始设计）支持从概念设计到决策点 B 的设计过程，以及启动物理原型开发。Capstone（几何图形和网格）贯穿整个过程，支持产品的数字孪生的数字线。多物理场分析工具（NESM、NavyFOAM、Kestrel、Helios、SENTRi 和 Mercury）也支持决策点 A 之后的整个过程，但可制造性除外（见图 4.8）。图 4.8 中的水平箭头说明了 CREATE 软件应用程序在 DoD5000 采购工作流程中的覆盖范围。垂直箭头将应用程序的能力与工作流程中的各个阶段联系起来。Capstone 的覆盖面最广，它是所有下游分析所依赖的数字产品模型的来源。

事实上，在建造任何物理原型之前，这些虚拟原型应用允许对设计方案进行更详尽的探索，对完整系统（而不仅仅是零件）的设计进行更可信的性能测试，这一直是 CREATE 项目的主要目标。CREATE 项目从机翼推进到完整的飞机，从几十种设计方案到几千种设计方案，从简单的测试到全动飞行测试。这降低了一个严重的设计缺陷在制造和测试物理原型之前不被发现的可能性。它还有助于将最终（和必要）的物理测试集中在最关键的性能或安全特性上。

正如第 2 章所强调的，使用这些工具需要一个提供持续支持的高性能计算生态系统，其中包括以下特征：

- 在高性能计算机上灵活地分配计算机时间。
- 通过高速、高带宽网络安全访问计算机和存储的数据。
- 适当的数据存储与安全备份。

- 工作流程支持工具和数据分析工具。
- 安全访问数字代理工具链。
- 响应的用户支持和培训。
- 安全访问的验证数据，包括静态和动态的数据加密。

这些要求对 CREATE 软件的采用至关重要。

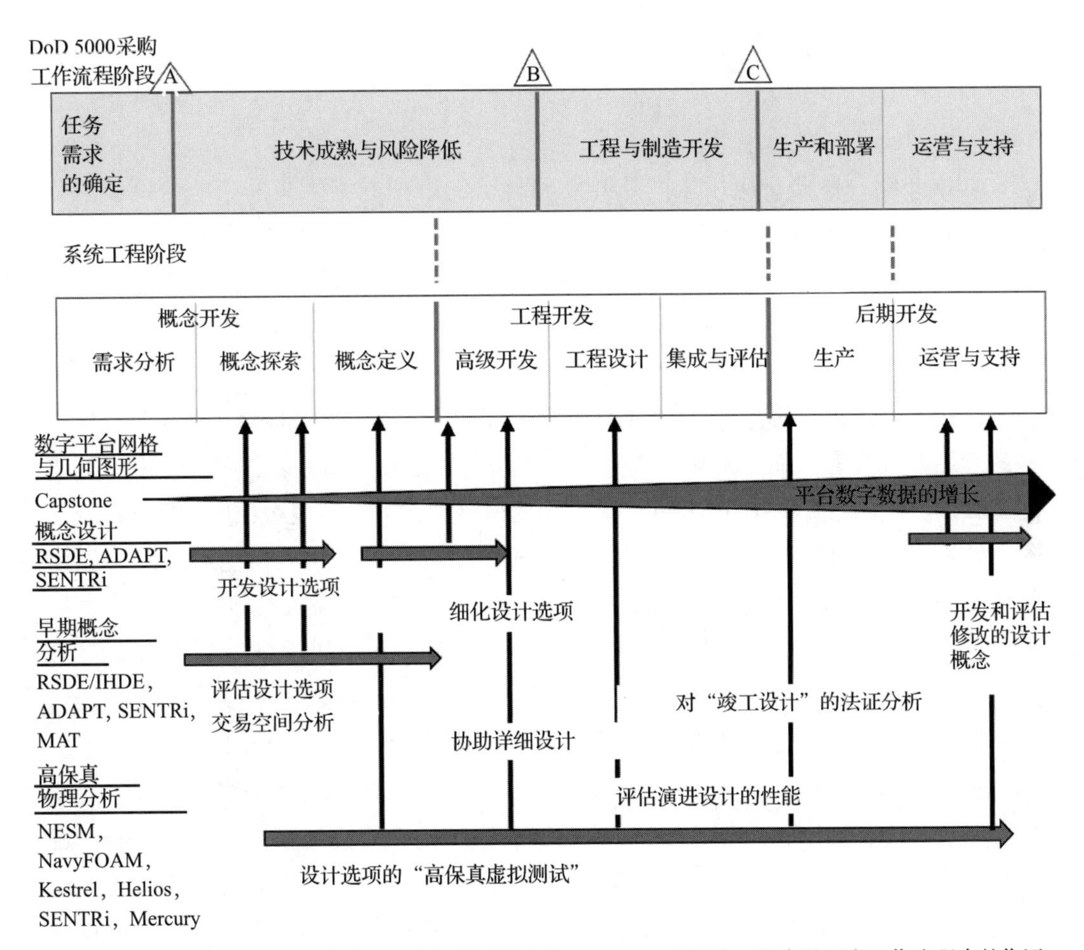


图 4.8　特定的 CREATE 虚拟原型工具在美国国防部 DoD 5000 和系统工程产品开发工作流程中的作用（由美国国防部 HPCMP 提供）

第 5 章
Chapter 5

# 虚拟原型软件项目的价值衡量

本章介绍一些测量应用于产品开发和科研的虚拟原型工具的影响的例子。我们还会看到一些成功的范式应用。

## 5.1 引言

自从电子计算机发明以来，计算工程和科学研究工具已经被应用于解决具有挑战性的产品开发问题，如解密编码通信、研究病人的血液流动，以及解决一系列其他问题和议题。随着计算机在 20 世纪下半叶变得更加强大，其使用也变得更加广泛。

处理能力为 $10^{16}\sim10^{18}$FLOPS 的计算机使工程师和科研人员能够开发和使用软件应用程序，准确预测复杂的自然和人造系统（如天气、超新星以及下一代飞机和汽车）的行为。这减少了开发和测试制造产品的物理原型的需要，并提高了对自然系统（如风暴和空间天气）行为的预测的准确性。从 20 世纪 60 年代中期开始，各联邦机构，包括美国能源部（DOE)、美国国家科学基金会（NSF)、美国国家航空和航天局（NASA)、美国国家海洋和大气管理局（NOAA）和美国国家标准和技术研究所（NIST)，开始建立中心，为其科研团队提供使用超级计算机的机会。石油和天然气、航空和土木工程等行业也紧随其后。1993 年，美国国防部建立了高性能计算现代化项目（HPCMP)，这是一个每年 3 亿美元的项目，为美国国防部的科学和技术的开发和测试项目提供超级计算机。2007 年，它启动了美国国防部 HPCMP CREATE 项目，开发软件应用程序来设计和分析飞机和海军舰艇等国防系统。但是，像所有促进范式转变的新技术一样，使用超级计算机进行虚拟原型设计面临着采用挑战（Moore 2013）。工程师和科研人员理解并信任其久经考验的方法。正如 Machiavelli 在 *The Prince* 中描述的那样，改变是困难的。建立一个虚拟原型项目需要时间、精力和金钱，同时也涉及风险。因此，虚拟原型的支持者必须不断为其使用提供令人信服的理由。

今天，超级计算机使用在几乎所有的科学研究和工程领域。其中许多领域都使用了虚拟原型技术。现代计算机是通用的工具，同一台计算机可以用来解决几乎所有科学和工程领域的问题。软件应用程序则更为具体。科学知识包含在软件应用、解决方案算法和数据中。

我们一直是虚拟原型技术的实践者和传播者。2000 年我们编制了"应用虚拟原型技术的科学和工程领域"列表，其中有大约 50 个条目。在本书，我们更新了这个列表。新的列表有 110 个主要科学和工程领域。其中有 57 个应用程序，正在由各大学和政府研究小组积极开发和支持，并向广大科学和工程界公开提供。这些应用程序包括从计算流体力学软件应用程序 ALYA 到气候和天气预测应用程序 WRF。我们所定义的虚拟原型现在几乎被用于工业、政府和学术界的每个重要的科学或工程企业。

## 5.2　虚拟原型软件项目价值

第 6 章将讨论建立虚拟原型软件项目提案的方法，本章将描述虚拟原型的价值衡量，但背景是不同的。本章也将讨论理解和捍卫虚拟原型实施范式的必要性，并以真实的数据和经验为基础。

**1. 投资回报率概述**

投资回报率（Return On Investment，ROI）是对任何有预期回报的投资活动的价值的标准衡量。它是根据成本或投资以及收益或利润来定义的。基本公式如下（Phillips 2011）：

$$投资回报率 = (收益 - 成本) \div 成本$$

确定与使用软件应用程序进行设计或研究有关的投资回报率则要复杂一些，主要挑战是获得良好的数据并保持良好的记录。在整个产品开发周期（从产品设计、制造到营销）中收集相关数据是最理想的方法。通过对一个项目的事后研究来收集数据往往是困难的，因为回答问题所需的一些数据和资源可能已经不复存在。

对于产品设计来说，如果组织一直在使用传统的产品开发方法，并转而使用虚拟原型技术，那么可能会获得有用的数据。关于成本、时间和收益（产品价值）

的历史数据可能仍然可用，做这些工作的人可能仍然可以找到。然后，该组织只需要为新的虚拟原型阶段收集成本、时间、收益和其他有用信息的数据。对于研究来说，如果用虚拟原型进行的研究是现有研究项目的延续，情况也可能类似。

一个关键的挑战是量化项目的收益。对于股票投资组合，量化收益是显而易见的。在许多其他情况下，缩短上市时间显然是一种优势，但要量化这种优势需要专家判断。投资回报率研究通常也会发现无法量化的收益，而且可能是这项研究最有价值的结果。

**2. 对计算能力的需求**

使用数字工程设计工具必须考虑成本。证明对该能力的需求、成本，以及不可用时的后果。

**3. 客户用户群（有效产品许可证）**

用户的数量通常表明了软件对用户群体的价值。用户通过使用软件可创造价值。一些组织实际上试图获取这种价值，这涉及成本。典型的用户需要几个月（或更长的时间）来掌握一个虚拟原型软件应用程序。CREATE 工具被 2050 个活跃的许可用户使用，CREATE 项目不收取许可费，但许可证必须每年更新。

**4. 软件不同用途的数量**

软件只有在被使用的情况下才能提供价值。在客户的产品设计工作中，软件的更多用途（概念设计、交易空间分析、性能分析等）有助于摊销许可证的成本。一个好的计算流体动力学软件应用程序可以解决航空的气流问题、船舶的流体力学问题、地面车辆的风阻等问题。

**5. 用软件工具设计和分析产品对客户的重要性**

对虚拟原型的支持通常与所设计产品的重要性和客户对软件工具的依赖程度成正比。如果客户能够使用软件工具来生产更好的产品，那么虚拟原型对产品开发的潜在价值就非常高。科研也是如此。如果客户需要软件工具来执行研究项目，该客户就会认识到这些工具的价值。

**6. 应用软件工具（预算、成本、人员配置等）的工程或研究项目的规模**

一个项目的规模是衡量其重要性和潜在影响的标准之一。CREATE 项目是一个投资数额相对较少的 DoD 项目（每年不到 3000 万美元）。然而，它支持了 40 多个美国国防部记录在案的采购项目，2021 年的预算总额为 540 亿美元。CREATE 项目有 15 种不同的软件应用程序。每个应用程序解决一组特定的问题，如预测固定翼飞机的飞行性能或者小型和大型海军舰艇的远洋航行性能。第 4 章和本章 5.6 节讨论了其中的一些应用程序。

**7. 对客户项目的影响**

成本节约、进度和时间缩短、风险降低、安全优势和能力提高等都对客户项目有影响。项目规模和预算的衡量标准带有主观性，因此，需要进行说明。

**8. 不使用虚拟原型软件的后果**

当一个企业的竞争对手使用虚拟原型软件时，如果该企业被迫使用传统方法，可能会面临负面影响。在本章后面部分，我们将讨论不使用虚拟原型的后果的一个具体例子。

**9. 降低成本**

项目预算是固定的，因使用虚拟原型软件降低了项目的成本，所以项目经理有义务将节省的成本返还美国财政部。在现实世界中，项目经理需要节约的成本来解决其他问题。因此，很少有（甚至没有）项目经理会承认降低了成本。改变预算往往涉及重新确定项目的范围，并经历重大的审查，这可能会导致糟糕的结局，而不能帮助项目经理解决其他问题。大多数组织要求对项目成本进行估算，即使该项目有很多风险。估算中应包括避免或降低风险的应急措施。

描述避免成本的情况往往更安全。这使得虚拟原型项目在将项目成本控制在预算范围内的过程中获得了荣誉，而不会给项目经理带来麻烦。

**10. 节省时间、加快进度和避免进度滑坡**

另外，重要的价值衡量标准是加快项目进度。这个数据更容易获得，而且和成本数据一样是有意义的。我们的经验是，与强调成本节约的声明相比，项目管理者更有可能支持声称节省了项目时间和避免了进度滑坡。时间是竞争性工作的一个重要考量。

缩短进入市场的时间是一个关键的商业优势。科学研究也具有竞争性，特别是在时间方面。第一个做出特定发现并发表结果的小组会得到认可且赢得荣誉。

同样，诺贝尔奖也是颁发给那些在相应领域内第一个发现或解释新的科学现象的科学家的。

**11. 技术可信度**

虚拟原型工具的技术可信度至关重要。如果设计工具和科学研究工具不能准确预测感兴趣系统的行为，那么它们很快就会失去用户。

**12. 用户对虚拟原型价值的认可或见证**

认可是一种高能量的承认形式。它通常以句子或短语的形式出现在幻灯片的底部。

一个真实的例子。CREATE 项目团队最近开发了三个简短的视频（每个 3min），采访了陆军旋翼机项目的两位高级行政人员，以及海军海洋系统司令部（NAVSEA）的水面舰艇设计和系统工程主任。这些视频见证了 CREATE 软件的价值。

## 5.3 虚拟原型软件项目价值的案例研究

本节介绍由 Theresa Shafer 博士撰写的 NAVAIR 案例研究，说明 5.2 节所述的所有要素。

**1. NAVAIR 的小型无人机海军航空案例研究**

2010 年，美国陆军和空军已经成功地将小型无人机用于战术侦察任务。无人机比传统飞机更便宜、更小，可以由一个人操控。由于所有美国政府航空系统都需要经过飞行认证，NAVAIR 需要为每个小型无人机获得飞行认证证书。传统的飞行认证过程需要来自风洞试验和计算分析的数据。大型航空航天承包商能够获得这些数据，并经常将其用于它们的系统。然而，许多小型无人机供应商没有风洞测试和计算分析所需的资源。由于没有飞行数据，政府不愿意证明供应商无人机的适航性能。

为了打破这一僵局，Shafer 博士利用 Kestrel 软件应用程序（Morton 2009）开发并建立了一个获取飞行认证数据的程序（Shafer 2020）。她和其他 NAVAIR 航空工程师已经使用 Kestrel 成功地分析了 NAVAIR 各种飞机的适航性性能。Shafer 博士在使用 Kestrel 进行计算建模的基础上，创建了一个标准化的、简化的、经过验证的飞行认证程序。Shafer 博士使用 Exdrone 和 Aerostar（Deagel.com 2021）两种小型无人机来开发流程并验证 Kestrel 软件在小型无人机上的使用。她根据二维图纸为三角翼的 Exdrone 创建了计算模型，并使用坐标测量机为 Aerostar 无人机创建了三维模型。然后她使用 Kestrel 生成飞行认证所需的飞行性能数据。

对于许多小型无人机供应商来说，收集风洞数据的成本过高（45 万～ 90 万美元）。费用包括使用风洞的费用、进行试验所需的劳动力，以及风洞试验的无人机模型的费用。此外，通常提前一年以上安排风洞。

计算分析对飞行认证来说速度更快，成本更低。每个无人机项目耗时 4 ～ 6 周，成本不到 10 万美元。随着 Shafer 博士对该过程的完善，认证成本和时间进一步降低。

Shafer 博士的案例研究很好地说明了 5.2 节中的许多因素。

**2. Shafer CREATE-AV 无人机成功案例**[⊖]

**问题**

无人机（Unmanned Aerial Vehicle，UAV）被军事部门用来在世界各地执行战术和侦察任务。小型无人机的操作成本比传统飞机低，同时它消除了危及飞行员生命的风险，并且可以由士兵操作。无人机是美国防御网络的一个关键部分。所有由美国政府购买或设计的无人机都需要获得飞行安全认证，并有规定的飞行包络线。飞行包络线定义了飞行高度和速度限制。与大型政府采购项目不同，小型无人机通常不是大型记录项目，缺乏资源来充分利用计算流体动力学（Computational Fluid Dynamics，CFD）和风洞（Wind-Tunnel，WT）测试。计算分析和实验测试产生的数据被用于飞行安全评估，在创建飞行测试矩阵时可以减少风险和缩小范围。对于较大的采购项目，飞行包线、测试矩阵和随后的飞行许可的生成问题较少，因为工程数据是可用的。另一方面，小公司没有资源来利用全套的数据创建工具（如 CFD 和 WT 测试）来评估其无人机设计。如果没有工程数据来评估飞行器的适航性，政府往往不愿意为小型无人机颁发完整的飞行认证。因此，如果能获得许可，也是有限的或非常保守的飞行安全包络。

⊖ 美国海军 NAWCAD AOE000 研究和教育伙伴关系主任 Theresa Shafer 博士提供（Shafer 2020）。

## 做法

CREATE-AV 影子行动（Shadow Operations，SO）[㊀]团队使用 CFD 和 HPCMP 资源来产生数据以支持飞行认证过程。CREATE-AV 团队利用增强的计算方法创建了一个标准的、简化的和验证的过程。小型无人机 Exdrone 和 Aerostar 被用来开发流程和验证软件。Exdrone（三角翼配置）的三维基于计算的工程（Computational Based Engineering，CBE）模型）是根据二维图纸创建的。该模型包括六个配置/数值网格和 205 个飞行数据点。Exdrone 主要用于观察是否能及时产生所需的空气动力学数据。然后用 Aerostar（计算空气动力学数据库）来改进这一过程并评估准确性。通过精简前后处理技术，该过程减少了两个半月，每个许可请求成本减少了 5 万美元。

## 作用

没有飞行许可，飞行器就不能合法飞行。小型无人机的适航评估需要软件模拟飞行过程产生的数据。小型无人机项目办公室（Program Office，PO）（PMA-263）已经利用这些数据为几个小型无人机获得了认证支持。这个办公室还要求为 Wasp IV Shadow 和 Puma 无人机开发三维模型和计算数据库。

通过计算方法产生的数据有助于减少飞行认证过程中的风险，为工程师提供合理的数据，使工程师做出更明智的适航评估。Aerostar 是添加到其他飞行器上的技术试验平台，由于其他飞行器增加了天线、吊舱和其他突出的形状而进行了设计修改，使得它们经常有飞行许可要求。CFD 可用于快速量化飞行器上由于配置修改而产生的空气动力和力矩差异，这些数据直接影响了飞行包络线的修改。CFD 还可用于评估在机翼下的两种装载配置中为 Aerostar 增加各种吊舱天线的空气动力效果。

为支持这两项许可而提供的数据减轻了风险并扩大了飞行包络线。同样的方法被用于开发“乌鸦”飞行器的计算模型，并可以在“乌鸦”的整个生命周期内以低成本提供飞行动态和性能评估能力。

---

㊀ 影子行动是小规模的 CREATE 项目，通过评估具有已知飞行特性的飞机的性能，新工程师可以获得使用计算工具的经验。

**度量**

对于许多小型无人机项目来说，收集风洞数据并不可行，因所需的成本、时间和资源都不具备。一个风洞试验可能需要 10 万～ 20 万美元的投入，1 ～ 2 个人年，5 万～ 10 万美元的模型生成费用。由于需求的原因，风洞试验要提前一年或更长时间的准备，并且受项目优先次序的影响。一般来说，对于小型无人机，使用生成空气动力学数据库的计算分析更实惠，而且往往比预定的风洞试验能更快地产生数据。从开始到结束，这些计算工作可以在大约 6 周内以 3 万美元的价格产生一个 200 ～ 300 个点的空气动力学数据库。许可申请可以在 2 周内完成，费用为 1 万美元。这就满足了项目办公室的要求，即从申请开始的 6 周内完成飞行认证。

**使用工具**

Kestrel 高保真建模工具被用于固定翼飞机的 CFD、结构力学、推进和控制。其他高保真工具（Cobalt 和 USM3D）也在整个项目中被用于比较和验证目的。Diamond、Harold、Mana、Hawk、Falcon 和 MJM 用于处理数据。

Shafer 博士的案例研究提供了足够的信息（见表 5.1）来计算 NAVAIR 的单架无人机获得飞行认证的投资回报率（约 75%）和成本收益（约为 8）。

投资回报率是评估一项活动的有效性和收益的标准方法（Phillips 2011）。

表 5.1　基于 Shafer 博士的案例研究中用于计算小型无人机项目的投资回报率和成本收益的信息明细（基于单架无人机）

| 信息明细 | 数额 | 平均成本或数额 | |
|---|---|---|---|
| 风洞使用费 | 100 000 ～ 200 000 美元 | 150 000 美元 | |
| 人力成本 1 ～ 2 名全职雇员 | 300 000 ～ 600 000 美元 | 450 000 美元 | |
| 模型设计和构建费用 | 50 000 ～ 100 000 美元 | 75 000 美元 | |
| 计算机分析人力成本 | 50 000 ～ 75 000 美元 | 62 500 美元 | |
| 计算机成本 | 17 500 美元（350 000 小时） | 每小时 0.05 美元 | |
| 风洞总成本 | 675 000 美元 | | |
| 投资回报率 | **743.75%** | 成本收益 | **8.437 5** |

## 5.4 投资回报率

投资回报率是衡量一项活动的价值的标准。确定投资回报率需要准确估计成本和收益的货币价值。

2006 ～ 2009 年，美国国防部 HPCMP（hpc.mil）进行了一项大规模的 3 年投资回报率研究。这是对美国陆军、海军和空军的 59 个不同的美国国防部计算研究和开发、测试和评估（Research and Development，Test and Evaluation；RDT&E）项目使用 HPCMP 计算机的成本和收益的研究。

在 HPCMP 建立后的 1995 年，超级计算机可用于美国国防部的 RDT&E 项目，该研究可以获得这些项目的历史和成本数据。这使得投资回报率研究小组能够直接比较 RDT&E 项目的传统实验方法与使用超级计算机的方法的成本和收益。

从 2006 年开始的审查是及时的，新的美国国防部领导层了解了超级计算对美国国防部 RDT&E 项目的价值。

2000 ～ 2009 年的研究重点是美国各军种正在积极开展的三类项目。

1）**装甲 / 反装甲和导弹**。装甲 / 反装甲和导弹研究是整个 HPCMP 投资回报率研究的试点。2006 年，各军种在装甲 / 反装甲方面有非常积极的计划。

2）**气候、天气和海洋（Climate，Weather，and Ocean；CWO）**。美国国防部的 CWO 项目是大量计算机资源的消耗者，为军事行动做出准确的天气预报，包括风暴对美国军事基地（包括在美国国内外的基地）的影响以及水面和潜艇行动的海洋状况。

3）**飞行器**。飞行器研究考察了使用高性能计算来减少风险，提高性能和飞行质量，预测使用寿命，并确定适航资格。

**美国国防部 HPCMP 投资回报率研究的分析**

HPCMP 投资回报率研究小组分析了 59 个不同的美国国防部计算 RDT&E 项目的成本和收益。

本书的作者之一（Post 博士）在研究期间是 HPCMP 的首席科学家。虽然 Post 博士没有积极参与这项投资回报率研究，但他审查了这项工作，并在研究过程中监测其进展。

HPCMP 组成了一个 12 人的团队，成员来自美国国防部 HPCMP、位于华盛顿特区麦克奈尔堡的国防大学（NDU）和位于亚利桑那州华丘卡堡的联合互操作性测试指挥部（JITC）。JITC 是美国国防部的一个部门，负责测试和认证军事用途的信息技术产品。NDU 在美国国防部参谋长联席会议主席的指导下运作，负责促进美国国家安全领导人的高级教育和专业发展。HPCMP 投资回报率研究由一位经验丰富、知识渊博的海军公务员领导，他在职业生涯中一直在测试和评估美国海军航空系统。来自 JITC 和 NDU 的团队成员在研究执行过程中提供了无偏见的审查，然后验证了数据。投资回报率研究小组采访了 215 名项目成员，并研究了项目的源文件和记录，以彻底掌握使用虚拟原型工具来完成项目时的成本和收益。

这些项目被划分为装甲 / 反装甲和导弹、CWO、飞行器三个部分。装甲 / 反装甲和导弹、CWO、飞行器）的投资回报率和成本收益。（见表 5.2。）

**表 5.2 DoD HPMCP 的 ROI**

| 项目名细 | | 装甲 / 反装甲和导弹 | CWO | 飞行器 | 总计 | ROI |
|---|---|---|---|---|---|---|
| 投资额* | | 136 百万美元 | 417 百万美元 | 268 百万美元 | 821 百万美元 | — |
| 收益 | 下限 | 487 百万美元 | 5 625 百万美元 | 274 百万美元 | 6 386 百万美元 | 678% |
| | 上限 | 935 百万美元 | 9 927 百万美元 | 562 百万美元 | 11 424 百万美元 | 1 292% |

* 对 HPCMP 计算机资源的投资额。

在支持装甲 / 反装甲、CWO 和飞行器组合的 HPCMP 资源中，每一美元的投资回报为 6.78 ～ 12.92 美元。

双盲研究是确定一种方法是否比另一种方法更好的标准方法。双盲试验通常被用来确定新药、疫苗和化学品的安全性和有效性，然后再批准供公众使用。

HPCMP 投资回报率研究在很大程度上与传统的双盲研究相似。在超级计算机成为美国国防部 RDT&E 社区的常规工具之前，59 个项目使用传统的实验方法来执行其标准任务。当 HPCMP 的超级计算机在 1995 年左右可用时，这 59 个项目开始使用计算分析和测试来补充或取代实验方法。HPCMP 投资回报率研究小组使用了书面记录和对项目工作人员的采访，他们同时使用了传统的实验方法和计算方法，以确定两种方法的优势、劣势和成本。

从投资回报率研究中得出以下经验。首先，做得好的投资回报率研究对评估项目的价值非常有用。这也是商业审计师所期望和重视的证据。其次，如果项目计划得很好，并且在项目执行过程中对项目的成本、挑战、成就和收益进行了良好的、可靠的记录，那么投资回报率研究就会更容易和更有效。最后，如果在项目期间没有形成记录并存档，投资回报率研究就会成为一项具有挑战性的取证工作。在这种情况下，记录是粗略的和稀少的，很难找到可以解释证明的人。

在计算科学和工程界，获得可靠和令人信服的投资回报率信息对基于物理学的建模和仿真的重要性和挑战是公认的。2010 年，国际数据公司（International Data Corporation，IDC）设立了一系列高性能计算创新卓越奖，以表彰在使用高性能计算方面取得高投资回报率的技术成就。来自学术界、工业界和政府的计算领域专家和工程师被提名参加这些奖项。HPCMP 投资回报率研究获得了其中的四个奖项。

在研究过程中发现了其他不可量化的投资回报率数据和有用信息。现在更多的测试是利用虚拟原型进行的，减少了固定成本和物理测试基础设施（风洞、测试场、波浪槽等）。计算原型技术还可减少开发和部署复杂产品所需的时间，证明了虚拟原型技术的准确性、有效性和价值。到 20 世纪 90 年代末，这些物理模型几乎都已经或正在被计算机模型所取代。

双盲研究的另一个替代方法是检查其他组织的记录，这些组织已经采用虚拟原型技术进行产品开发或科学研究。第 1 章中描述的固特异（Miller 2010）利用其基于物理学的轮胎设计软件，将上市时间从 3 年缩减到 9 个月，并将新轮胎的推出数量从每年 10 种增加到 60 种。

2014 年，阿伯丁集团对 550 多家正在开发新产品的公司进行了调查。调查的结论是，采用虚拟原型技术的公司的表现明显优于仍在使用物理原型技术或手工计算进行设计的同行，详细内容见报告（Paquin 2014）。

## 5.5 计算科学研究的例子：天气预报

天气预报（气象学）是另一个基于复杂自然系统数字代理的成功应用计算科学研究项目的好例子。这是刚刚讨论过的 HPCMP 投资回报率研究的研究课题之一。

现代天气预报大约始于 1860 年，罗伯特·菲茨罗伊海军上将建立了英国（U.K.）气象局（MET）（Blum 2019）。在职业生涯的早期，菲茨罗伊是贝格尔号的船长，当时它与博物学家查尔斯·达尔文对南美洲南部进行了调查（1831 ～ 1836 年）。菲茨罗伊根据英国各地的迎风报告站（特别是西海岸和北海岸的报告站）通过电报发给他的天气数据进行预报。在 19 世纪后半叶和 20 世纪前半叶，对气象学基本原理的认识稳步提高（Sawyer 1962 和 Fleming 2016），主要代表人物包括挪威人 Vilhelm Bjerknes（1862—1951）、瑞典人 Carl-Gustaf Rossby（1898—1957）和美国人 Harry Wexler（1911—1962）。最初，该领域仍然大致遵循菲茨罗伊的方法，收集和分析迎风天气数据（例如，气温、气压、湿度、风速、风向以及降水量）。20 世纪后半叶，由于第二次世界大战结束后计算机应用的指数级增长，加上更广泛和更完整的数据收集和分析，以及对大气和海洋物理学的更好理解，天气预测继续迅速发展（Alley 2019）。

“现代 72h 飓风路径预测比 40 年前的 24h 预测更准确。”（Alley 2019）Alley 和他的合作者将今天的准确性归功于计算能力的提高、对主要物理效应的更好理解、更好的数据收集和更好的计算技术。天气预报的发展如下：

- 更好地理解决定天气的各个基本物理现象。
- 更好的求解算法、空间和时间分辨率，特别是集合计算的使用，其中初始条件是变化的，以代表实际初始条件的测量的不确定性。
- 超级计算机峰值处理能力的指数级增长，并使用现代超级计算机进行天气预报。
- 纳入卫星和地面观测的时变测量数据以更新天气预报计算的边界条件。
- 卫星、机载、无人驾驶飞行器和地面 / 海洋表面数据的准确性、覆盖面和可用性的改善。

图 5.1 显示了天气系统的主要物理要素。

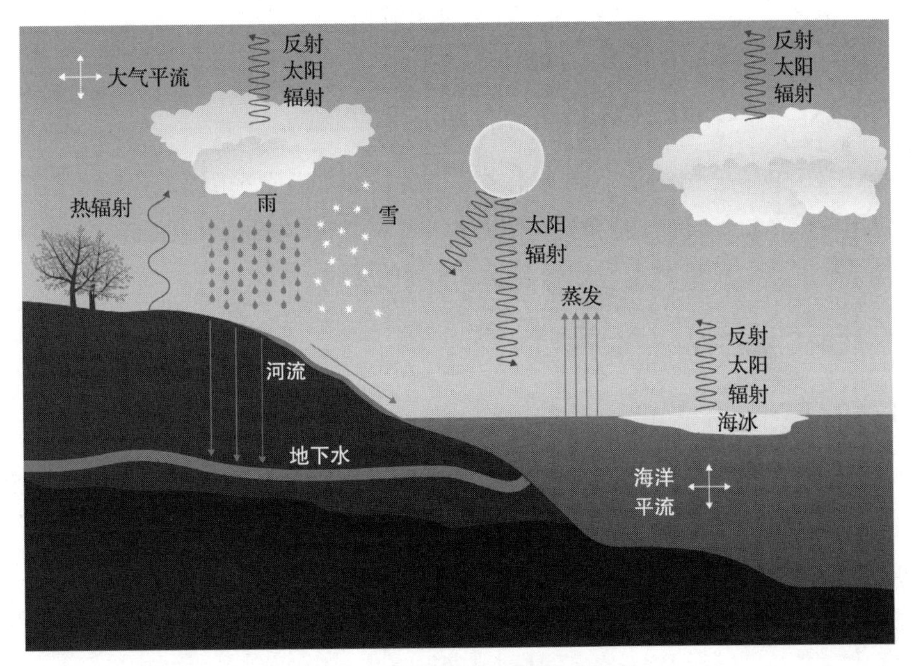


图 5.1　天气系统的主要物理要素
（由软件工程研究所提供）

驱动天气系统的净太阳能非常大，在整个地球上大约有 $1.7 \times 10^{17}$W。空气对直接的短波红外线、可见光和紫外线太阳辐射相对透明，这些辐射要么被反射回太空，要么被土地、湖泊、大气和海洋吸收，增加了它们的温度。温度升高导致长波热辐射（红外线）的排放增加，这些辐射被 $CO_2$、$CH_4$、$H_2O$（水蒸气）和其他温室气体吸收和重新排放。海洋和湖泊、土壤、海冰和冰川吸收的太阳辐射使它们温度升高，增加了水的蒸发量，使之回到大气中。通过蒸腾作用，植物也将水蒸气推回大气中。这种热量被转移到大气中，导致上升的气流将水蒸气带到较冷的高海拔地区，在那里凝结成云。在云中，水凝结成雨、冰雹和雪返回陆地、湖泊和海洋。降水通过河流和地下水（在地下流动的水）流回湖泊和海洋。人类在全球范围内从化石燃料中获得的功率约为 $10^{10}$W，约为太阳能热量的 $1/10^7$。

准确的天气预报可最大限度地减少和减轻飓风、旋风、龙卷风、洪水、作物损失、森林火灾和其他自然灾害。世界上很多地区由沿海和内陆洪泛区组成，容易发生系统性洪水。这些地区特别依赖准确的天气预报来进行土地使用规划和应急响应。有兴趣了解更多关于天气预报和气象学的读者可以借助专业书籍，甚至还有一个很好的计算天气模型工具 WRF 可下载使用。

## 5.6 CREATE 项目软件的应用

来自美国政府、国防工业和学术界的 2000 多名美国国防部工程师和科研人员正在使用 CREATE 项目中的工具（见表 4.3）。本节描述每个 CREATE 分组（飞行器、船舶、射频、基础技术、地面车辆）工具的影响。

### 5.6.1 CREATE-AV（飞行器）

**1. ADAPT**

飞机设计师使用 CREATE 项目的飞机设计、分析、性能和交易空间（ADAPT）能够在一个共同的框架内整合和使用多学科的工具，探索军用飞机的设计交易空间，并在设计过程的早期利用高性能计算资源。

**2. Kestrel**[⊖]

Kestrel 为美国国防部的飞行器性能提供准确的预测，特别是对固定翼飞机群（McDaniel 2020）。Kestrel 已经被应用于美国国防部 30 多个固定翼航空系统的分析，包括 A-10、F-18E、F-15、E-2D、P-3 和许多其他固定翼军用飞机。

---

⊖ 由 David McDaniel 提供。

Kestrel 可用于评估 F/A-18E 在航母甲板上的起飞和降落性能（Green 2018）。来自 Kestrel 计算的数据可用于 F/A-18E 飞行员的飞行模拟器编程（Green 2017）。Kestrel 和 Helios 一起被用来提高 NAVAIR 最新的潜艇监视飞机 E-2D 的飞行模拟数据库的物理精度（Green 2018）。该数据库针对三种飞行状态：低速、降档和起飞 / 降落配置。陆军制导空投项目正在使用 Kestrel 来分析和改进制导控制，以改善保持远程部队适当的供应和资源的技术、战术和程序。波音公司已经验证了 Kestrel 可解决该公司感兴趣的飞机的存储分离问题（Stookesberry 2015）。

Kestrel 还可用于分析 A-10 Warthog 的进气道变形原因和影响，以帮助开发减少进气道变形的方法，特别是在高攻角和高侧倾时。进气口畸变会降低发动机的性能，Kestrel 的分析提高了对变形原因的理解，并表明最初提出的解决方案是无效的（Denny 2014）。Kestrel 对飞机周围的气流、机身的结构动力学以及燃气轮机发动机中的涡轮机械所产生的影响进行建模的能力是独一无二的。Warthog 演习还验证了 Kestrel 可作为阿诺德工程和发展综合体工程人员使用的存储运载和释放模拟工具。Kestrel 已经证明了将发动机效应纳入许多军用固定翼飞机的运载和释放研究中的能力，这在传统的风洞试验中是不可能的。Kestrel 还被用来评估跨音速联合攻击战斗机和 C-17 货物投放的飞行性能（McDaniel 2016）。

**3. Helios**[⊖]

Helios 软件应用程序是由美国陆军航空与导弹发展局——Ames 中心的 CREATE 项目赞助的旋转翼飞机的高保真、全机体、多物理场分析工具。Helios v10.0 可以计算全尺寸旋翼飞机的性能，包括机身和旋翼（Wissink 2019、2020 和 Hariharan 2016）。波音公司对 Helios 的使用进行了正式评估（Narducci 2015）。

关于 Helios 的使用和价值的一些重要例子包括陆军旋翼机项目基于 CFD/CSD 的 CH-47 直升机的高保真 Helios 模型（O'Brien 2016a 和 2016b)，用于将建模和仿真整合到作为 CH-47F Block II 升级的一部分的先进支奴干旋翼（ACRB）的获取。陆军和波音公司随后使用 Helios 来确认波音公司对 ACRB 改进的旋翼性能的预测，并在计算上验证了综合旋翼 / 旋翼和旋翼 / 机身的交互空气动力学以及新旋翼的安装性能（Meadowcroft 2016）。NAVAIR 与西科斯基公司合作，使用 Helios 来识别和解决海军陆战队使用的 CH-53K（超级种马）重型起重直升机的发动机热气再利用问题（Min 2021）。在 CH-53K 的地面悬停飞行效果的开发性飞行测试中，

---

⊖ 由 Andy Wissink 提供（ADD——Ames 中心和 CREATE AV）。

其中一台发动机出现了温度上升，限制了发动机的性能。Helios 通过计算确定了温度上升的根本原因。Helios 还可用于不同排气管口配置的设计权衡研究。随后用重新设计的喷嘴进行的飞行试验发现，温度上升的情况得到了缓解。

## 5.6.2　CREATE-船舶

**1. RSDE**

美国经济本身在很大程度上依赖于国际贸易和商业。这些贸易大部分通过中东、地中海、东南亚、亚洲太平洋沿岸和其他地方的狭窄海道。世界经济依赖于能源供应、食品、高科技项目和消费品的散装运输。几乎所有这些通道都离美国本土有好几千英里。国际通信依赖于躺在大西洋、太平洋和印度洋海底的电缆，这些电缆很容易受到攻击（Cancian 2019、Hendrix 2016 和 Wicker 2018）。

海军工程师和海军建筑使用 CREATE 项目快速船舶设计环境（RSDE）能够进行权衡研究，这对于设计各种海军舰艇以满足各种相互竞争的性能参数和要求至关重要（Gray 2017、2018 和 Rigterink 2017）。它一直在优化海军舰艇组合方面发挥着关键作用。到目前为止，RSDE 已经被用于实现定制海军采购项目的设计，这是一种先进的设计方法。海军已经将 RSDE 应用于多个舰艇设计研究。

**2. NavyFOAM**

NavyFOAM 是一个完全并行化的多物理场计算流体动力学框架工具，采用现代的面向对象的编程方式开发。NavyFOAM 可用于评估船体和推进器设计，包括对海军最新的驱逐舰 DDG-1000 的安全工作包络、航海和机动性能的评估，以及尖端负载螺旋桨（小翼）的效率改进。NavyFOAM 还可用于评估美国海军陆战队两栖战车——海军陆战队中型水面战斗舰（MASC）的性能，以及评估哥伦比亚级潜艇计划（耗资 1000 亿美元采购下一代弹道导弹发射潜艇，以取代已有 50 年历史的俄亥俄级潜艇）的机动性和推进力要求。NavyFOAM 是一个通用的工具，也可以解决许多其他系统（Kim 2017）。

**3. NESM**[㊀]

NESM 建立在美国能源部 / 桑迪亚国家实验室的多物理场工具包 Sierra Mechanics

---

㊀ 由 Michael Miraglia 博士和 Jon Stergiou 博士（美国海军水面作战中心，卡德洛克分部，马里兰州贝塞斯达；以及 CREATE 船舶）提供。

的基础上，提供了一种使用精确的 HPC 工具，以评估船舶和部件对外部冲击和爆炸的反应的方法（Moyer 2016 和 Bunting 2017）。当在一个全面的冲击项目中使用时，NESM 可以通过利用基于物理学的建模能力，减少与海军航母和其他舰艇类的与物理冲击测试有关的时间和费用。它还支持在最终安排和安装决定之前，通过评估计划中的部件安装的抗冲击性来改进初始船舶设计的过程。耦合的多物理场能力包括结构动力学（隐式线性弹性求解器）、固体力学（显式非线性求解器）、流体动力学（欧拉求解器）和流体 – 结构相互作用。NESM 的求解算法利用了大规模的并行计算机，并可扩展到数以万计的 CPU，使计算机得到有效利用，并有能力处理全尺寸的海军舰艇，直至包括新一代航空母舰和潜艇（见图 5.2）。

图 5.2　杰拉尔德 · R. 福特号航母（CVN-78）
（由美国国防部 HPCMP 提供）

**4. IHDE**

IHDE 是一个桌面应用程序，允许用户从单一界面以简化和及时的方式评估性能。

美国海军船舶设计创新中心使用 IHDE 评估了许多船舶设计的性能，包括 T-AGOS-19 海洋监视船、医院船、打捞拖船和救援（T-STAR）船、绿色北极巡逻船、MASC 和优化的 MASC（Wilson 2016 和 2017）。IHDE 是一种重要的辅助功能，用于对使用 RSDE 开发的船舶设计进行中等保真度分析。

## 5.6.3　CREATE-RF（射频）

**SENTRi**

SENTRi 是一个强大而高保真的全波电磁预测代码，用于天线和微波电路的射频建模。SENTRi 不断被美国国防部的测量结果所验证，并用于天线的电磁干扰、电磁兼容性、材料的影响、微波设备分析和大型相控阵天线系统的设计的现场分析。

### 5.6.4 CREATE-FT（基础技术）

**Capstone**

Capstone 用于数值表示和从几何图形中生成网格（Dey 2016）。它可用于支持 Kestrel、Helios、NavyFOAM、NESM 和 SENTRi 用户。

### 5.6.5 CREATE-GV（地面车辆）[1]

CREATE-GV（地面车辆）工具集提供基于物理学的高性能计算工具，以加强地面车辆的概念开发，为需求开发提供信息，并为交易空间分析提供必要的数据（Lynch 2017、Priddy 2017 和 Poloyoway 2017）。Mercury 团队通过 GV 工具集支持陆军提议的轻型侦察车（LRV）的交易空间分析试点项目。

## 5.7 总结

软件必须不断升级以增加必要的新功能和特性，以满足用户群体不断变化的需求。在这个意义上，软件是有生命的。如果停止开发，它不能满足用户群体不断变化的需求，甚至不能在下一代计算机上运行。开发新的特性和功能并将其整合到用户的工作流程中需要时间和计划，所以开发者和用户必须努力预测未来的需求。

本章还讨论了软件价值衡量指标——投资回报率。在产品开发或研究项目中，通过合理的少量勤奋的计划和记录，用户和开发者可以相当容易地收集数据，以获得可靠的投资回报率报告。在我们熟悉的大多数应用中，虚拟原型的投资回报率是惊人的。

[1] Jody Priddy 提供，CREATE GV。

第6章
Chapter 6

# 建立虚拟原型软件项目的提案

本章介绍用于开发并向潜在的赞助商推销一份令人信服的提案的步骤，以支持建立一个为赞助商开发、部署和维持虚拟原型工具的计划。

## 6.1 引言

当在以下条件下，营销一个开发软件以迁移到虚拟产品开发的建议比较容易。

- 该组织已经认识到落后于竞争对手，其现有的开发产品或进行科学研究的方式已经不再有效。
- 该组织已经意识到竞争对手已经对其构成了生存威胁，正如第1章中引用的固特异轮胎公司（Miller 2017）的情况。
- 该组织有可能采用新模式的创业文化。
- 该组织规模小且相当灵活。

在进一步深入之前，关键是要评估采用虚拟产品设计和测试能否给组织的产品开发过程带来积极的变化。只有在与传统的科学研究方法相比能够获得令人信服的优势时，才应该采用虚拟原型技术进行科学研究。

我们研究和跟踪了几十个虚拟原型项目。这些项目的团队通常由一个小团队发展起来的，他们提出项目“愿景”，即用虚拟原型技术改善产品开发或科学研究方法。在我们所知的几乎所有虚拟原型项目的成功案例中，最关键的是虚拟原型技术的特定用途，如天气预报或者飞机设计和性能分析的建模与模拟，它们的研发团队能够将设想转化为提案，然后由赞助商资助。提案的准备工作一般都得到了组织内倡导者的支持。有时，一群充满激情的志愿者是推动项目发展的火种，他们说服了组织的领导层，让他们认为虚拟原型技术是值得探索的。

成功的团队通过许多不同的方式获得支持。一些项目开始于企业或政府管理层的指示，从调查虚拟原型技术的竞争优势和潜力开始，也往往会支持一些启动资金。一些项目从组织内部以自下而上的方式开始，组织内有远见的工程师或科研人员认识到虚拟原型技术的潜在价值，并在组织内寻求支持。在某些情况下，使用虚拟原型的想法来自组织外部，然后被组织的员工所接受。还有些情况下，独立的软件供应商（ISV）可说服一个组织用其软件进行试点研究，以证明软件对组织的产品开发过程的价值。总体来说，参与的工程师和科研人员都有一种创业精神。

## 6.2 建立提案的步骤

在 CREATE 项目的形成阶段并没有开发和营销虚拟原型项目的提案可参考。为了弥补这一点，我们回顾了从 CREATE 项目和其他复杂的、基于科学的软件开发项目（包括成功的和不成功的）中获得的经验教训，以确定导致其成功或失败的一些因素（Carver 2017 和 Post 2004）。我们将这些见解总结为七个步骤来提供，作为类似工作的指南。虽然这些步骤对于任何有启动风险投资初创企业经验的人来说都是显而易见的（Martins 2016），但我们相信大多数工程师和科研人员都没有接触过这些步骤。这些步骤也坚持了著名的 Heilmeier 问答中描述的原则，该问答长期以来一直是制作成功提案的指南。Heilmeier 问答的主要内容[⊖]如下：

1）你想做什么？阐明你的目标，绝对不要使用专业术语。

2）今天是怎么做的，目前做法的局限性是什么？

3）你的方法有什么新意，为什么你认为它会成功？

4）谁在乎？如果你成功了，会有什么不同？

5）风险和回报是什么？

6）它将花费多少钱？

7）需要多长时间？

8）检查成功的期中和期末考试是什么？

我们建议的七个步骤分为三个阶段：制订计划，研究提案，准备和营销提案。

---

⊖ George H. Heilmeier，“Some Reflections on Innovation and Invention”，美国国家工程院创始人奖讲座，华盛顿特区，于 1992 年冬季发表在美国国家工程院的 *The Bridge* 上。

**1. 制订计划**

第 1 步：确定一个潜在的赞助商，并制订一个计划。

**2. 研究提案**

第 2 步：做足功课。明确以下内容。

1）设计或研究的目标。是什么促使人们需要一种新的产品设计或科学研究的方法？

2）一个合理的出发点。软件将如何获得它的第一个和最好的用途，以促进向数字产品设计的转变？

3）找出问题。哪些问题会阻止潜在的赞助商采用虚拟原型设计模式？

4）整合到产品开发中。赞助商可以通过哪些方式将虚拟原型范式融入产品开发或研究中？

5）资源和企业文化。潜在赞助商采用虚拟原型技术所需的资源和企业文化（资金，具有虚拟原型技术、计算工程及科学专业知识的新员工，基础设施改进，新技术，采用敏捷方法，以及其他）。

第 3 步：识别并招募潜在的利益相关者。

第 4 步：评估软件选项（在第 2 章中讨论过）。

**3. 准备和营销提案**

第 5 步：汇总提案，制订短期计划。

第 6 步：向潜在的赞助商和利益相关者营销该提案。

第 7 步：对提案决定做出回应。如果提案获得批准，请参考在第 5 步中制订的短期计划，以便在提案成功时使用。然后继续进行到直至创建和支持虚拟原型项目计划。

如果提案没有被批准，找到不足的原因。看看你是否能弥补这些不足，使提案获得批准。如果失败了，做一个事后总结，总结经验教训。然后考虑是否与另一个候选赞助商再次尝试。

## 6.3　执行提案开发阶段的工作

本节介绍前面七个步骤的执行情况，从确定潜在赞助商到营销成功的提案。

### 6.3.1 制订计划

**第 1 步：确定一个潜在的赞助商，并制订一个计划**

**确定一个潜在的赞助商。**

假设已经确定了需求，那么首先要确定一个或多个潜在的赞助商。大多数情况下，赞助商是组织的管理团队或其中的一部分。

**固特异虚拟原型的采用故事**

到 1992 年，固特异轮胎公司和橡胶公司认识到，它的市场份额正在被普利司通和米其林夺走。它需要从这些竞争对手那里夺回市场份额。1992 年 2 月，公司的工程师聚集在俄亥俄州阿克伦的公司总部，在一场头脑风暴中确定了一些恢复其竞争力的方法。会议中讨论了许多方法，包括对橡胶材料特性的研究计划，更密集的测试计划，以及开发基于物理学的轮胎设计软件应用。

会议的一个关键结果是工程小组随后被批准进行轮胎物理学研究项目。该项目包括对橡胶材料特性进行研究，改进固特异测试项目，以及开发基于物理学的轮胎设计软件应用。在这三个方面都取得了进展。在接下来的 10 年里，固特异轮胎公司与桑迪亚国家实验室合作，成功开发了一个可以预测轮胎设计性能的软件应用程序，包括胎面磨损和道路损坏。在此期间，固特异公司的市场份额不断被其竞争对手夺走。2002 年，也就是 10 年后，固特异面临破产，掠夺者试图收购该公司。固特异的轮胎设计师开发了一种新轮胎的概念，他们认为可以凭借这种轮胎重新获得市场份额。然而，固特异的标准轮胎开发流程需要 3 年时间才能将新轮胎推向市场，为了生存，公司需要在短短一年内将新轮胎推向市场。

那时，固特异轮胎公司的设计工程师还没有采用新的轮胎设计软件。许多设计工程师认为这是公司不需要承担的风险。然而，如果一年内没有新轮胎上市，该公司未来将面临风险。于是做出决定：使用计算轮胎设计工具为新轮胎概念开发轮胎设计。在不到 3 年的时间里，没有其他办法生产出新轮胎。

固特异轮胎公司的工程师成功地运用了他们的轮胎设计规范，将新轮胎的上市时间缩短到 1 年左右。新的轮胎概念使该公司重新获得了大部分市场份额。从那时起，设计过程被描述为“固特异的创新引擎”。该公司不仅将上市时间从 3 年缩短到 1 年，而且将新产品的数量从每年 10 种增加到 60 种。最终，这拯救了公司（Miller 2010）。

固特异轮胎公司成功地开发和使用了虚拟原型技术，重新确立了其在轮胎行业的竞争地位，并在 Loren Miller（Miller 2017）随后发表的一篇论文中对其经验教训进行了分析。在论文中，Miller 确定了以下五点是这一成功的关键促成因素。

1）固特异认识到，创新的新产品以及决定轮胎行为和性能的基础科学的科学研究对其成功至关重要。

2）基础科学知识、计算和数学解决方案的算法与技术以及必要的科学数据已经足够成熟并得到充分理解，固特异可以为轮胎设计开发或获得必要的虚拟原型工具。

3）固特异愿意在人员、软件、硬件和工作流程修改方面进行必要的投资，以成功采用虚拟原型技术。

4）固特异拥有轮胎设计方面的专业知识，可以使用这些工具来开发新轮胎。

5）由于竞争的压力，固特异有决心将轮胎设计的变化与虚拟原型技术真正结合起来。

总结一下固特异的成功经验：

- 用赞助商可以理解的方式确定虚拟原型技术的需求和优势，要具体。
- 确认向虚拟原型技术的范式转变提议在技术上是可行的。
- 确认该组织将投入所需的资源来建立和使用虚拟原型技术。
- 确认该组织能够获得使用这些工具所需的专业知识。
- 确认该组织致力于采用虚拟原型范式。

固特异公司在确信没有其他选择之前，并没有承诺使用轮胎设计工具。这是一种常见的情况。尝试新事物就是改变，而且涉及风险。正如 Machiavelli 所指出的，改变是困难的，会遇到阻力（Machiavelli 1947）。

一个成功的提案需要一个高度可信的案例，证明实施该提案将提高组织的竞争优势。

一个乐于接受的赞助商并不总是需要改变的组织。在 CREATE 项目案例中，最初的赞助商是 OSD，而不是美国国防部军事部门采购项目的所有者，后者将从使用虚拟原型中受益。采购项目是需要改变的组织。

**争取潜在赞助商对提案的开发和营销的支持。**

要让潜在的赞助商资助提案的开发，可能需要进行一些宣传。然而，与潜在的利益相比，开发一个提案所需的资源是很少的。我们在 CREATE 项目的经验表明，一个可靠的提案的良好开端甚至可以由志愿者利用自己的业余时间完成。

美国国防部 HPCMP 在为 CREATE 项目准备提案时提供了正式支持。HPCMP 是 OSD 的一部分。它由国会授权，为军事部门提供超级计算服务，用于美国国防部的科学和技术、测试和评估以及采购工程界。OSD 和 HPCMP 的领导层正在积极寻求 HPCMP 计算机的高影响力用途。一个为美国国防部武器平台的设计和分析开发基于物理学的高性能计算软件应用的项目满足了这一需求。

这也是其他联邦机构的运作方式，包括美国能源部、美国国家科学基金会（NSF）、美国国家航空和航天局（NASA）以及美国国家海洋和大气管理局（NOAA）。它们都支持其机构所需的许多最重要的软件应用程序的开发。

此外，OSD 大力鼓励改进军事采购方法，并帮助 CREATE 项目小组提出了提案。

**组建一个小团队，由具有创业技能的经验丰富的领导来制订一个可信的计划，最终产生一个正式的提案。**

提案组组长负责组织和监督提案的开发与营销。这是一个责任重大而权力不大的工作。最初的预算、全职人员和其他资源可能会很少。一个成功的提案组组长必须非常有创业精神，需要为提案招募一个多学科的倡导者团队，这主要是基于参与一个令人兴奋的新项目的吸引力的。组长负责提案小组的技术、计划和业务领导。组长也是与赞助商和外界联系的实际接口，因此需要良好的写作和沟通技巧。

这个多学科团队必须包括在正在开发的软件所涉及的主要技术学科方面有很强的技术背景的工作人员，他们有相关计算算法和计算机科学（包括虚拟原型软件）方面的知识和经验。理想的团队领导应该有一个成功的职业生涯，既是一个软件开发者，也是一个软件开发团队的领导者。团队领导必须能够获得专业人员、赞助组织和利益相关者的认可。管理和领导技能也是至关重要的。

计划团队在开始时应该是小规模的。随着计划的充实，可以增加有用的贡献者。然而，团队的规模要小到足以使方案具有 Fred Brooks 所说的“概念完整性”——一个明确的目标和设计，包括一个简单的软件产品架构，许多人可以为之做出贡献，同时保持其最初的清晰愿景（Brooks 1987）。

## 6.3.2 研究提案

### 第 2 步：做足功课

应解决以下问题，以突出提案的重点。

**是什么推动了对产品设计新方法的需求？**

这一步的重点是验证虚拟原型的需求和作用。它深入研究了赞助商为什么需要虚拟原型。更好的产品设计是否有助于产品的生产和销售？为什么候选组织的潜在客户会购买竞争对手的产品而不是候选组织的产品？候选组织的产品是否不够创新？生产成本太高了吗？竞争对手的产品进入市场的速度是否更快（上市时间）？成功的竞争对手产品的主要特点是什么？竞争对手生产的产品是否更便宜、质量更高、维护更少、操作更方便、创新更多、功能更好、更吸引人或更时尚？主要障碍是由候选组织的结构或管理问题造成的吗？在后一种情况下，更好的产品设计可能没有什么帮助。

类似的分析也适用于科学研究机构。研究机构需要什么才能变得更有竞争力？它需要更好的实验设备，而不是更好的理论分析吗？它是对尖端科学的跟进吗？是否未能吸引优秀人才？对于科学研究社区，团队可能需要向该社区的成员寻求帮助，或者让科学研究社区的成员加入提案团队。

**确定产品设计软件的最优先需求。**

如果没有一个坚定的想法，不知道从哪里开始，准备一个可信的提案是很困难的。虚拟原型的概念包含了产品设计的所有方面：初始设计、交易空间分析、性能分析、可制造性、可持续性等。最终，软件开发计划可能会涉及所有这些方面，但它通常必须从解决最大的需求开始，可能是由上一步确定的能力之一来解决。

**找出阻碍潜在赞助商采用虚拟原型范式的障碍。**

采用虚拟原型范式可以提高一个目前没有遇到竞争挑战的组织的竞争力。然而，在缺乏迫切和公认的需求的情况下，推动范式转变通常是困难的。提案团队将发现，如果解决赞助商问题的能力没有得到承认或证明，就很难向前推进。

分析虚拟原型的能力，使候选组织能够克服这些障碍。这需要诚实地评估虚拟原型可以做些什么来提高候选组织的竞争能力。提案团队必须提出令人信服的理由，证明虚拟原型能够真正提高组织的竞争力。潜在的赞助商在虚拟原型及其潜在好处方面的知识和经验可能比提案团队少。即使该组织在竞争中失去了市场份额，其管理层也可能对任何变化持怀疑态度。员工可能会因为虚拟原型的改变而感到威胁，尤其是产品测试部门。此外，许多组织对任何变化都高度抵制。毕竟，即使旧的设计和开发新产品的方式没有很好地发挥作用，它在一定程度上仍在发挥作用。通常，在对组织的威胁存在之前，组织不会采用新的模式，即它将在没有变化的情况下倒闭。

**确定潜在的赞助商如何将虚拟原型技术整合到其产品开发和研究工作流程中，以克服障碍。**

从某种意义上说，提案小组的情况类似于1900年的拖拉机销售人员试图向农民推销拖拉机。农民一直像他的父辈一样用骡子和马做重活，对他一直在做的事情很满意。他可能知道世界正在发生变化，但变化还没有发生在他的世界里。拖拉机犁似乎是马犁的适度延伸，但它是一个重大范式转变的开始。马匹是自己繁殖的。拖拉机需要用现金或信贷购买，这对农民来说可能是一种新的体验和支出。马可以吃当地生长的干草和谷物，拖拉机需要燃料，这需要钱，在当时的普通农场，这是一个相对稀缺的物品。马会生病，可能需要兽医，但与维护和修理拖拉机相比，这只是一件简单的事情。最后，一个农民和一匹马可以处理大约40 acre[⊖]的农场。拖拉机的力量更大。拖拉机有可能使农民耕种、种植和收割更大的农场，但这可能不是农民想要的。阿米什人仍然用马和骡子进行生产性耕作。然而，几乎所有的现代农业都涉及机械化的农业设备。许多小农户逐步进行了调整，成立了合作社，与其他小农户分担成本，或雇用承包商使用昂贵的机械（如联合收割机）来收割庄稼。他们接受了改变的需求，然后适应了一个不断变化的世界。

提案团队必须解决每个候选组织如何进行过渡的问题。即使对于内部人员来说，有时也很难评估候选组织是否能够在其产品开发工作流程中预先引入这种模式。该组织的业务不能停止，以证明一项可能需要数年才能实施的计划的影响。评估这一点的一种方法是通过证明该方法可行性的试点项目。

试点项目不仅仅是软件演示。它在工作层面解决产品开发或研究问题。它的目标是将基于软件的产品设计和性能分析引入现有的工作流步骤中。虚拟原型范式的采用通常会引起产品开发工作流程中的有益变化，但一开始考虑这些变化可能会让人不知所措。一个现实的试点项目可以解决候选组织的担忧。

**采用挑战**

CREATE项目在克服采用挑战方面取得了巨大成功（Moore 2013），试点项目在后期进行（也就是说，作为该项目的早期可交付成果）。试点研究不仅有助于向组织管理层及其工程师和科研人员介绍虚拟原型，而且有助于指导软件获取和开发过程。商业软件供应商通常提供试用许可证来实现相同的目标：说服

---

⊖ 1acre=4046.856m$^2$。——编辑注

组织中的工程师，其软件可以为公司的设计和产品开发过程增加价值。

CREATE项目领导层认识到，由于需要开发复杂的物理特性、解决方案算法和其他功能，开发具有客户群体要求的所有功能和能力的成熟软件应用程序可能需要10年或更长时间。然而，从一开始就很明显，为CREATE项目提供资金的美国国防部高级领导层预计，在不到10年的时间里，该投资将获得重大回报。CREATE制定了一个包含三个不同阶段（见图3.3）的拟议发展计划，以满足美国国防部高级领导层的目标。

- 第一阶段是开发和发布有用的工具，或“最小可行产品”，尽快向相关的设计界发布。在这个阶段，各个物理组件被完善和整合，以便为第二阶段做准备。试点项目也在这个阶段开始。这些项目解决了让产品设计师或分析员适应使用基于物理学的软件来设计、分析和预测候选系统性能的模式的挑战。试点项目还为软件开发人员提供了关于使用这些工具的宝贵反馈。这种用户体验对于说服领导层相信虚拟原型技术是可行的至关重要。
- 第二阶段是开发和部署具有综合多物理场能力的工具，包括预测相关物理系统性能所涉及的所有主要物理学。在这个阶段，工具的运行性能也得到了解决。在这个阶段，试点项目仍在进行中，它们可以证明该模式的强大威力。
- 第三阶段是开发和部署成熟的工具，包括所有已知的重要物理效应，包括在开始时可能没有考虑到的效应，但它们易于设置和使用，准确，并拥有良好的运行性能。

10年后，用户社区要求的具有新功能和特性升级的软件得到积极开发，每年或多数情况下每季度发布。大部分原始CREATE代码的第11次年度发布发生在2020年。

今天，成熟版本的Kestrel，即CREATE固定翼飞机设计和分析软件（第三阶段的产品），可以为速度为50mile/h的飞机建模，最高可达5马赫（1马赫=1225.08km/h）。为了满足用户群体的需求，Kestrel正在进行升级，以模拟将达到更高马赫的高超音速飞机。它解决了所有相关的物理现象，包括高精度的计算流体动力学算法和湍流模型，以及预测超音速军用飞机的飞行和战斗性能所需的所有特征与能力。每个CREATE软件开发团队都有一个类似的例子。

**估计所需的资源，评估组织文化所需的变化。**

到目前为止，提案小组应该对候选赞助商的组织、人员结构、产品设计和测试小组的能力、产品开发工作流程以及企业文化的其他方面有所了解。提案小组必须利用这些信息来制订计划，并估计潜在的赞助商使用虚拟原型技术来开发新产品或进行科学研究所需的资源。提案的预计预算应包括培训期间产品设计师的劳动成本、计算机时间成本和其他支持成本。这些费用还取决于设计工程师成为使用计算方法的熟练设计师所需的时间长度。可以看看其他组织的情况，看看它们花了多长时间来达到这个程度。一个小型的试点项目也可以帮助提案小组深入了解潜在赞助商的工程师对新工具和工作流程的反应，并对潜在赞助商的工程设计工作流程和成本有所了解。

**第 3 步：识别并招募潜在的利益相关者**

提案小组必须在每个潜在赞助商的领导团队、雇员和其他利益相关者中得到对提案的支持。其他利益相关者可能会从这个方法中受益，努力争取他们的支持是很重要的。采用虚拟原型范式涉及采用者的一个重大范式转变。正如 Machiavelli 在 *The Prince*（Machiavelli 1947）中指出的那样，这种程度的文化变革往往会遇到强大的阻力。我们的经验表明，当一个组织面临生存威胁，而虚拟原型技术显然为克服这种威胁提供了一种可靠的方法时，采用就比较容易。如前所述，固特异（约 1990 ～ 2000 年）的情况就是如此（Miller 2010 和 2017）。很难夸大对变革的阻力，似乎最需要变革的人往往是对变革最抗拒的人。

除了资助的努力，该领域的资深人士经常无私地支持他们认为能满足重要需求的项目。这发生在 CREATE 项目的案例中。如果没有组织内和相关社区的盟友与支持者，提案可能走不远。为了争取他们，提案小组需要做以下工作。

1）找到并确定利益相关者的群体，数字产品设计和测试所提供的改进将会助力他们成功。

2）吸引他们的兴趣，争取他们的认可和支持。这种方法的潜在价值必须足够大，以至于该项目可以找到赞助商来提供所需的资源。

在实践中，所有这些步骤都需要或多或少地同时进行，并在项目负责人和潜在的利益相关者群体之间进行多次密切协作。最重要的利益相关者是潜在的赞助商，但所有的潜在利益相关者都很重要。在组织和执行拟议中的项目的合理计划出台之前，赞助商可能不会承诺资助该项目。开始时可能需要一些种子资金。

### CREATE 项目的利益相关者

CREATE 项目团队的提案一经明确，就吸引了几个关键的美国国防部利益相关者的注意。来自美国海军、陆军和空军的 15 ～ 20 名高级科研人员和工程师自愿帮助开发和强化该提案。他们在相关技术领域的知识、计算工程和科学方面的经验，以及对美国国防部需要改进其采购工程流程的深刻认识，都是 CREATE 项目提案成功的主要因素。他们还帮助指导提案通过美国国防部的审批程序。他们在美国国防部、工业界和学术界的广泛联系网被证明是非常有帮助的，特别是在 CREATE 项目的早期阶段。这些支持者知道该与谁联系，并为 CREATE 项目团队提供引荐，以确保联系人会认真考虑帮助该提案团队。15 年后，这些支持者中的一些人仍在帮助 CREATE 项目。毫无疑问，如果没有利益相关者的积极支持，CREATE 提案是不会成功的。

**第 4 步：评估软件选项（在第 2 章中讨论过）**

如果提案至少能确定几个具体的虚拟原型软件应用的外部例子，让潜在赞助商的组织成员能够认识和理解，那么提案就会更加有说服力。一个例子是使用计算流体力学（CFD）代码来帮助飞机设计（Cummings 2015）。CFD 广泛用于分析飞机性能、降低汽车风阻、设计快速帆船（如美洲杯帆船）（Kim 2009）、改善空调和加热系统（特别是在计算机机房）以及任何对流体流动很重要的领域进行科学研究。如果提案小组能够找到软件应用的说明性例子，证明虚拟原型对赞助商的产品开发或科学研究课题的有效性，那么提案将更加有说服力。

成功地建立一个虚拟原型能力需要获得正确的软件应用程序，无论是通过内部开发还是通过外部采购。这些软件应用程序必须具有赞助商所需的卓越能力和特点，以获得竞争优势。内部开发这种软件的决定有可能使第 2 章中描述的所有软件获取方案发挥作用。成熟的软件应用程序包含了大多数软件采购方案的元素，特别是通用软件能力（线性代数库、网格划分和几何图形包、分布式内存管理等）。对于一些感兴趣的问题，商业软件、免费的政府软件或开源软件可能已经足够。第 2 章讨论了这些选择的优点和缺点。然而，在许多情况下，由于需要建立一个重要的竞争优势并加以保护，候选组织需要自己开发和部署核心软件应用程序。对于任何依赖软件开发的组织来说，成功需要长期、稳定的资金。

获得这类信息的一个方法是进行试点项目。试点项目可以让提案小组感受到潜在赞助商的工程团队对新产品开发过程（如虚拟原型技术）的兴趣。评估候选组织在引进其他新程序方面的成功。它的企业软件有多老？该组织目前正在使用什么设计工具？该组织的高级领导是否看到了变革的需要？是否有任何证据表明变革的紧迫性？找出组织的主要决策者对变革需求的看法，尝试确定主要利益相关者的观点。

到目前为止，提案小组应该了解了开发产品或进行科学研究所涉及的技术挑战。除了开发基于物理学的高性能软件所涉及的具体技术挑战外，这些挑战与设计、建造和测试组织产品的真实原型所必须克服的挑战相似。例如，如果产品是飞机，设计团队需要对航空工程的大部分或所有方面（流体动力学、结构力学、结构动力学、控制、推进等）进行建模。所需软件能力的清单从 CFD 开始，因为计算气流是最重要的任务，但是最终清单必须包括其他能力。CFD 软件将提供与风洞和飞行试验大致相同的功能，但它将更快、更方便、更灵活、成本更低地完成。

如果候选组织是在设计和建造汽车，重要的技术问题是安全和碰撞测试、发动机性能、风阻、轮胎、可靠性、道路噪声，以及在紧急情况和恶劣天气条件下的安全操作。如果候选组织的任务是预测天气，软件能力需要包括消化来自卫星、海洋浮标、地面观测站、飞机和其他来源的天气相关数据的能力，以反馈给大气物理学、海洋动力学、热传输、云和降水等模型。提案小组需要描述一些候选软件应用的工作实例，并讨论它们的优点和缺点，以强调所提出的提案是可行的，可以为赞助商解决许多问题。

对于虚拟原型项目所需的各种软件，起草详细的需求清单和详细的 10 年计划是不可能的（Brooks 1995）。我们发现，获取需求的一种实用方法是通过用例来描述软件将如何使用。通过这些，可以定义软件必须具备的特定功能。第 8 章和第 9 章将介绍开发和发布过程的详细信息。

提案团队可能不需要提供详细的计划，以准确描述软件的开发或获取方式。在这个阶段，一个详细的计划是虚构的，一套详细的要求也是虚构的，两者都无法在与客户（用户）社区的接触中存活下来。然而，提案需要描述目前软件应用程序的主要特征和功能。提案团队必须证明其充分了解了启动和执行拟议项目所需的技术挑战、技能和经验。然而，当开始构建代码开发团队时，需要很快地详细描述其软件开发方法。

### 6.3.3　准备和营销提案

**第 5 步：汇总提案，制订短期计划**

我们现在已经达到了本章的目标：准备和营销提案。这里的目标是将第 1 步的愿景变成一个正式的软件开发计划提案，该提案可以获得批准和资助。该提案应分为两部分。第一部分是对软件将要解决的产品开发问题的引人注目的描述——为什么解决这些问题对潜在赞助商很重要，以及解决这些问题的潜在影响。第二部分描述候选组织为进行虚拟产品开发或科学研究而需要执行的计划活动。

**提案大纲**。

提案的第一部分是最重要的部分。它必须确立虚拟原型对赞助商成功的价值。如果发起人不相信提案将解决他们最重要的许多问题，提案的第二部分（计划和资源）将无关紧要。

第一部分应包括以下内容：

- 描述提议的虚拟原型软件计划将解决的产品开发或研究问题和挑战。
- 为什么解决这些问题对潜在赞助商和其他利益相关者很重要。
- 解决这些问题的潜在有益影响。
- 关于如何使用这些提议的软件应用程序的令人信服的愿景。
- 利益相关者社区（包括赞助商）的描述。
- 一个应对采用挑战的计划，说服产品设计师或科研人员从基于实验的工作流转向虚拟原型工作流。
- 所需软件应用程序的描述，无论是通过内部开发还是来自外部，或两者兼而有之。
- 关于如何开发或从外部来源获取软件应用程序，然后进行部署的可靠方法和计划。
- 如果要在内部开发软件，则应采用可靠的方法招募和组织能够成功开发与部署所需软件的软件开发团队。
- 对提议项目组织结构的描述，包括以下内容：
  - 潜在项目和代码团队负责人以及开发团队成员的姓名、专业资格、技能与经验（如果可能）。
  - 用户社区潜在成员的背景、技能和经验。
- 为什么提议的项目会成功——为什么提议可信，而许多类似提议都失败了。

提案的第二部分应包括以下内容：

- 项目所需资源的描述（资金、专业人员、计算机和计算机基础设施资源、业务支持和资源、验证数据等）。
- 软件的高级概念开发和部署计划（包括资源加载时间表），以及软件功能分阶段交付的一些里程碑。
- 如果提案获得批准，在前 3 ～ 6 月启动项目的短期计划。

**时间表和计划角度。**

开发一个成熟的多物理场、高性能计算软件应用程序所需的时间取决于多个因素。一个因素是软件的复杂性（处理的效应数量、维度和解决方法）。另一个关键因素是开发团队的经验和专业知识水平，对开发速度和软件质量都有影响。在资深团队成员的支持性领导和良好的指导下，该团队应该在几年内接近其最佳生产力水平。

如 3.3 节中所讨论的那样，该计划应涉及如何在最小可行产品之后缓慢推出更成熟的产品，以及如何通过用户的反馈来提高软件的可用性和有效性。该计划还应该讨论测试和获得验证数据的方法。

提议的时间表和计划应包括预算和代码开发的合理增长率。软件开发、部署和支持的成本通常为 80% ～ 90% 的劳动力。招募一个好的团队需要时间。计算机、计算工程和科学方面的专家很少。根据经验，新员工从以前的雇主那里离职并搬到新的工作地点所需的时间是 6 个月到一年。对于没有家庭的人来说，这段时间可能更短，而对于有家庭的人来说，这段时间更长（因为员工通常有孩子在上学，配偶有固定工作，而且还必须搬家）。理想情况下，赞助商的一些员工可能具备所需的技能和经验，他们可能只需要搬办公室，而不需要搬家。无论如何，首要任务必须是招募尽可能最好的开发团队。

### 第 6 步：向潜在的赞助商和利益相关者营销该提案

从一开始就必须认识到，是团队开发软件，而不是组织、赞助商、流程、计算机或管理人员开发软件。团队的经验及得到的支持是软件开发的最重要因素。我们之所以这样说，是因为这个事实在技术性软件开发社区之外没有得到广泛的重视。

对于企业或政府工程组织的营销，赞助商是企业管理层，包括工程和财务经理、企业营销组和工程用户组。对于科研机构的营销，赞助商是执行研究项目的机构的领导，以及资助或批准该机构研究项目的组织。

营销提案的第一部分应涉及以下方面：

- 变革的必要性。
- 通过特定的虚拟原型能力解决产品开发或研究问题的愿景。
- 参与利益相关者社区的计划。
- 可靠的软件部署策略（包括软件开发或采购）。
- 确认项目领导层能够组建一个可信的开发团队，并带领团队走向成功。

如果潜在的赞助商不被这些话题所吸引，它们就不会对执行计划的细节感兴趣。至关重要的是，提议的预算、时间表和可交付成果必须是现实的，而且提案小组能够详细说明这些问题。潜在的赞助商将预算、进度和项目目标的现实性作为衡量提案可信度的标准。提案主要是开发（或采购）和部署软件，以支持赞助商所需要的虚拟原型能力。开发和交付软件的能力必须逐步进行，同时让赞助商了解进展情况。同样重要的是，不要低估成本和时间。如果赞助商同意资助该项目，开发团队将要在预算内按时交付合理的计划软件。

对于新的团队，资金应该从计划的资金水平的 20% ～ 40% 开始，并在 3 ～ 5 年的时间内逐步提高。如果该团队将由赞助商的员工组成，则可以更迅速地建立起来。这是启动软件开发项目的一种相当普遍的方式。建立一个开发项目需要团队领导投入大量时间和精力。需要几年的时间来开发软件结构和集成多物理场效应的方法，准备最初的文件，建立软件开发的基础设施，并完成建立虚拟原型项目所需的其他一切。其中大部分工作只能由核心人员完成。

明确强调团队建设是一个渐进的过程，这一点很重要。软件工程文献强烈建议按计划增加资金和人员。优秀的员工积极性很高，希望立即开始工作。然而，如果他们不能顺利地融入开发工作流程中，并且他们的输出不能很容易地与其他团队成员所做的工作集成，就会出现问题。为团队找到合适的增长速度是一种权衡。糟糕的软件开发计划将在以后导致重大甚至致命的问题。

最后，营销工作应预见到成功，并准备好在提案获得批准后继续进行。在提案编制期间，应制定在批准后的前 3 ～ 6 月内启动项目的短期计划。提案审查小组期望看到该计划。如果提案成功，项目需要以一个良好开端来执行。该项目的批准是一个引起大量关注、兴趣和审查的事件，这是一次展示该项目正面形象的机会。

短期计划应包括合理详细的描述，说明该计划将如何组织和执行，以及治理和监督机制将如何确保对交付成果的问责。由于软件是由团队开发的，提案中应包括潜在赞助商已经审核过的软件开发团队的拟议领导和组织结构。提案应描述所建议的组织结构如何有助于其他组织的类似项目的成功。例如，CREATE 项目团队的提案描述了其已发表和未发表的关于成功、不成功的技术软件开发项目的案例研究。它还强调了团队在美国能源部国家核安全局（Lawrence Livermore 国家实验室和 Los Alamos 国家实验室）、美国能源部科学办公室（普林斯顿等离子体物理实验室）、工业界（Western Atlas 软件公司和埃克森美孚公司）和美国国防部（HPCMP）领导非常类似项目的成功经验。该提案的批准取决于提案小组是否有能力提出令人信服的理由，说明该提案描述了获取所需软件应用程序的可靠方法，并且还采用了在类似工程和科学研究组织中已经取得成功的方法。

对于一些潜在的赞助商，营销过程可能是相当非正式的。对于大型组织来说，营销过程可能是非常正式的。对于一个非常非常大的组织来说，美国国防部的程序可能是非常正式和严格的。其他提案程序可能没有美国国防部的 POM 程序那么正式，但政府机构（如美国国家科学基金会、NASA、美国能源部、NOAA、空军科学研究办公室、海军研究办公室和陆军研究办公室）的研究拨款审查相当正式，有严格的同行审查和明确的审查程序。美国政府实验室对内部研究项目一般都有非常正式的审查程序。

这件事关系重大。如果没有批准的资金，拟议的虚拟原型项目将无法进行。此外，潜在的赞助组织可能要依靠拟议的虚拟原型项目来维持其生存。可能会涉及大量的资金，自 2008 年以来，CREATE 项目的年度预算约为每年 2500 万美元，用于 100 多名专业人员。这对于大型的技术性软件项目来说是很常见的。DOE 的轻水反应堆高级模拟联盟（CASL）项目（开发模拟核电反应堆运行的主要方面的能力）也有类似的预算。整个美国国防部 HPCMP 的预算约为每年 3 亿美元，用于计算机、网络、用户支持以及科学研究和工程软件的支持，包括 CREATE 项目。大约有 2000 名用户使用 CREATE 工具。一个满负荷的专业工程师每年至少要花费大约 30 万美元。如果一个工程师将其 20% 的时间用于需要 CREATE 工具的项目，那么每个工程师每年花费约 6 万美元，全部 2000 人每年花费约 1.2 亿美元。无论正式程度如何，都应该非常认真地对待提案的准备和营销。

**第 7 步：对提案决定做出回应**

如果提案获得批准，继续进行第 7 章。如果提案没有被批准，找出它的不足之处，看看你是否能补救这些不足之处。如果不能，则进行事后回顾，总结经验教训，并考虑是否与另一个候选赞助商再次进行尝试。

## 6.4　总结

虚拟原型软件项目初创期的经验总结如下：

- 实施一个新的模式是困难的。它需要一种紧迫感，甚至可能是一种生存威胁。
- 一个好的提案基于一个好的、经过深思熟虑的想法。
- 只有当你对预想不可避免的挑战做好功课时，你才能应对它们。
- 需要有知识、有经验的领导人。远见是一种奖励。
- 没有资金和人才，一切都不会发生。

第 7 章
Chapter 7

# 创建虚拟原型软件项目

第 6 章介绍了如何准备虚拟原型软件项目提案并获得批准和资助。本章将介绍如何使用资金启动此类项目并使其运行。

## 7.1 引言

本章内容基于我们在 CREATE 项目中的经验（在前面的章节中已经介绍过），以及我们发表的关于虚拟原型软件开发项目的案例研究等。

早在虚拟原型这一术语被广泛使用之前，我们就参与了软件的开发和应用，以使用计算机模型来应对工程和科学研究的挑战。这些模型解决了实际的技术问题，如提高油田产量、设计和分析受控聚变实验等。我们发表的技术成果没有涉及实际的商业问题，例如获得稳定的资金、招聘和保留技术人员、组织和规划工作，或管理复杂的机构。然而，解决这些问题对我们工作的成功至关重要。

## 7.2 启动和建立虚拟原型软件项目的步骤

与第 6 章采取的方法类似，本章描述的创建虚拟原型软件项目的 8 个步骤如下：

**开始**

第 1 步：从选择项目负责人开始建立项目领导团队。

（1）选择项目负责人。

（2）组建一个非正式的临时项目领导团队。

（3）建立一个项目办公室。

**确定项目重点**

第 2 步：将赞助商的需求转化为软件需求。

第 3 步：选择一组特定的软件应用程序来满足赞助商的需求。

**建立核心项目**

第 4 步：制定并实施招募软件开发团队负责人和软件开发团队成员的策略，并确定办公地点。

第 5 步：制定几何图形和网格生成策略。

第 6 步：为软件测试和软件发布制定策略和计划。

**建立计算生态系统**

第 7 步：制定并实施一项战略，以获取成功所需的计算、网络和数据存储资源。

**制定政策和进行实践**

第 8 步：为项目运营、业务、治理和外联制定政策并进行实践。

### 7.2.1　开始

**第 1 步：从选择项目负责人开始建立项目领导团队**

（1）选择项目负责人

选择项目负责人是该项目的关键。项目负责人负责为软件开发团队提供运营支持。项目负责人还为项目做出许多重大决定，特别是涉及人员、技术范围和进度的决定。此外，项目负责人是项目对外的发言人，也是与赞助商的主要联络人。项目负责人有以下任务：

- 制订和执行项目计划
- 招聘和留住主要的项目人员
- 向利益相关者介绍该项目
- 管理项目的财务
- 发展和保持项目的技术和软件工程愿景
- 保持赞助商的支持

理想的项目负责人要具有：1）在开发和使用基于物理学的软件以及领导工程和科学软件开发团队方面都有成功的经验；2）需要在开发的软件所涉及的一个（最好是一个以上）技术学科中具有很强的技术背景；3）必须能够得到所有专业人员，包括赞助机构和利益相关者的技术和个人尊重；4）管理和领导技能，但专业的尊重可能是更加重要的。没有专业的尊重，通常不可能担任领导职务。

提案组组长可以是项目负责人候选人。提案组组长了解提案，并在提案过程中与赞助商合作。然而，提案组组长可能缺乏足够的软件开发技能，没有领导软件开发团队的经验，也没有所需的领域科学和工程经验水平。

赞助机构中强有力的内部候选人可能具备必要的资格。如果赞助商没有具备必要资格的工作人员，则可能需要在外部寻找。然而，搜寻必须迅速开始。提案审查计划要求在提案审查期间讨论虚拟原型项目的组织和高级工作人员。项目领导层的选择应该在提案审查期间提出并讨论。赞助商可能会做出选择。

（2）组建一个非正式的临时项目领导团队

临时项目领导小组的首要任务是熟悉提案（见第6章）。临时项目领导小组的成员应包括赞助商的代表，他们非常熟悉赞助商的组织及其工程、研究、商业、营销和制造过程。该团队还应该包括在虚拟原型设计以及科学工程和研究软件的开发和部署方面有经验的成员。提案开发小组和项目的高级利益相关者也可以成为临时领导小组成员的来源。

（3）建立一个项目办公室

下一步是建立一个项目办公室，以帮助项目负责人和软件团队负责人执行项目。建立办公室并使其运转起来需要时间，所以尽早开始是很重要的。项目办公室不宜太大，以处理那些不需要项目领导关注的常规任务。它需要与赞助商组织的相关部分协调，以处理招聘软件开发人员以及其他业务。定义和建立一个记录任何重大资金支出的程序是特别重要的。项目办公室负责向赞助商提交财务报告，并建立赞助商可以审计的财务记录。

### 7.2.2 确定项目重点

#### 第2步：将赞助商的需求转化为软件需求

将赞助商的需求与特定的软件需求联系起来至关重要。赞助商的需求会反映在提案中作为软件的预期用途。这项任务是确定为满足这些需求而开发或购买的软件应用程序。

满足赞助商需求所需的其他信息包括赞助商工程师和产品测试人员的工作流程、制造过程、用于制造产品的材料、赞助商的研究能力、业务历史、上市时间等。

**第 3 步：选择一组特定的软件应用程序来满足赞助商的需求**

在第 2 步中确定了具体需求后，就可以开始确定要开发或购买的软件应用程序。临时项目领导小组必须评估技术可信度、与赞助商需求的一致性，以及软件选项（包括物理学和计算算法）的技术成熟度。临时项目领导小组还必须确定获得软件的形式，主要有：从外部获取软件、在内部开发软件和两者结合使用，这在第 3 章进行了讨论。

### 7.2.3　建立核心项目

**第 4 步：制定并实施招募软件开发团队负责人和软件开发团队成员的策略，并确定办公地点**

当确定软件应用的特征后，就可以开始招募软件团队的领导者和软件团队。采用虚拟原型需要：①明确虚拟原型在产品开发中的作用，②技术上可行的软件，③有能力的软件开发团队，④赞助商对软件开发团队的支持，⑤确保赞助商会使用软件。

（1）招聘软件开发团队负责人

软件开发团队负责人必须在计算工程或所要开发的软件应用程序的计算科学领域有出色的技能和经验。对于一个软件开发项目的成功，软件开发负责人至少和项目负责人一样重要。软件开发团队负责人负责招募开发团队，团队负责人应该来自一个将大量参与使用该软件的机构，或者至少与该机构可进行音频和视频的交流与沟通。团队负责人的所在地将成为开发团队事实上的总部。只要软件开发的基础设施能够支持分布式团队的有效开发，开发团队的大部分成员可以而且可能会在不同地方工作。

软件开发团队负责人负责软件开发的战略决策，尤其是涉及员工、技术范围和进度的决策。软件开发团队负责人是团队对外的主要代表，还要促进和协调与用户社区和其他利益相关者的互动，以及指导和监督软件开发。

（2）组建软件开发团队

当前，对计算机科学家、科研人员、经验丰富的领域专家的争夺非常激烈，尤其是少数具有计算科学和工程经验的人。比较好的策略是招募到一批在相关科学和工程领域成功的工程师和科研人员。正如第 11 章将要讨论的，这类知识型工作者与同行建立了强大的关系网，这些同行是潜在招聘人员。

在工程或科学研究中，熟练和有经验的软件开发人员是至关重要的。软件开发团队将开发出满足复杂和快速变化的项目需求算法是成功的关键。

正如第 6 章所强调的，作为提案过程第 6 步的一部分，软件开发团队应该逐步建立起来。

（3）软件开发团队的选址

开发团队的选址可能是一个复杂的问题。尽管可以考虑许多不同的情况和选择，但至少必须实现以下两个目标：

1）获得组织中技术熟练且经验丰富的员工参与开发赞助商感兴趣领域的软件应用程序。

2）尽可能地（可能虚拟地）配置开发者和用户。

就 CREATE 项目而言，在计算工程和科学所需领域拥有丰富技能和经验的优秀软件开发人员非常稀少，很难从公开招聘，主要来自美国国防部军事服务研究、测试和工程实验室。这些实验室的工程师和科研人员开发的研究软件解决了提议的 CREATE 软件应用程序的许多技术需求。但该研究软件是为了满足高度特定的工程研究需求而编写的，不够健壮，没有很好的文档记录或支持，并且不容易被其他软件工程师使用。

对于 CREATE 项目来说，用户和软件开发者经常在同一地点办公，有时甚至在同一栋大楼或相邻的大楼里。因此，开发人员能够快速获得关于其最新软件改进效果的反馈，以及关于用户群体不断变化的需求的信息；用户快速获得最新和最好的工具，而且可以很容易地获得帮助。此外，用户和开发人员能够为软件创建一个良好的测试程序。用户可以接触到军方的测试项目和测试数据，并能够影响实验性测试项目。这是 CREATE 项目提交给 OSD 的提案中所承诺的双赢。

（4）将开发人员和用户（物理或虚拟）结合在一起，鼓励并促进开发满足赞助商需求的软件

将软件开发团队定位在一个客户组织中，并从那里吸引一部分团队成员是一个好策略。开发人员和用户之间的紧密联系增强了开发人员和用户之间的沟通，大大降低了让用户采用代码的障碍。许多客户组织都有领域科学和工程人员，他们具有计算工程和科学方面的经验和技能。然而，与美国国防部科研人员一样，

他们在生产级软件所需的软件工程原理和实践方面的经验可能有限。本书的目的之一是提供一些指导和背景信息，以填补软件工程和软件项目管理方面的空白。

将开发团队和用户至少虚拟地嵌入同一个管理链中，鼓励这两个团队一起工作。

将每个代码开发团队的领导层嵌入一个主要的客户组织中，开发团队的领导层对感兴趣的产品（如船舶、飞机、天线、轮胎、汽车和微处理器）的技术设计工作负有重要责任，这也是一种良好的做法。它不仅能最大限度地关注客户，而且还有助于确保获得客户组织中最好的技术人才。

CREATE 项目的赞助促进了软件的采用，增强了用户对软件的信任，提高了软件的可信度，并有助于确保客户快速反馈给开发团队。

（5）修改项目组织和领导计划草案

现在，具体的软件应用和客户需求已经确定，有机会重新评估原来的项目组织。从美国国防部的需求和技术可信度评估来看，CREATE 项目中评价最高的技术领域是飞机、射频天线和海军系统。除了这些项目领域，所有的软件开发项目都需要生成数字几何图形和网格，用于设计和分析。这使得 CREATE 项目形成了四个项目组织结构［飞机、船舶、射频天线、网格和几何图形（基础技术）］和一个项目办公室。CREATE 项目组织结构图如图 7.1 所示。

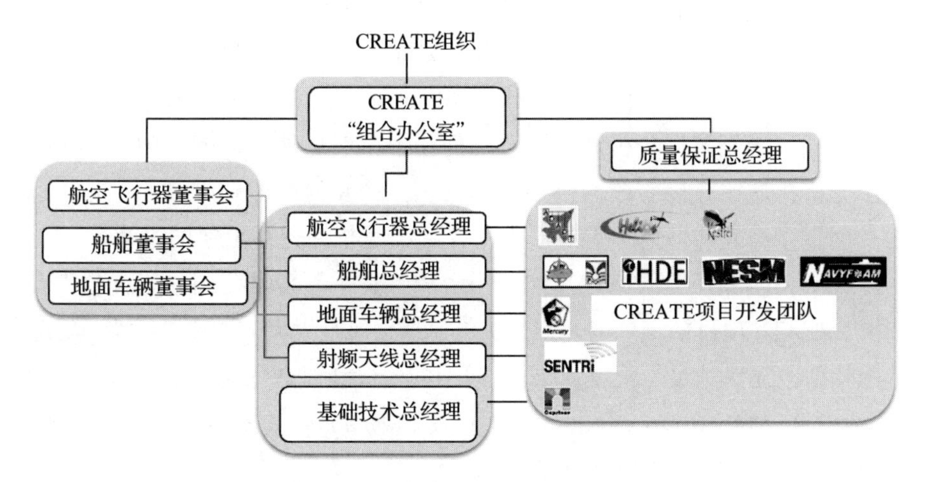


图 7.1　CREATE 项目组织结构图
（由美国国防部 HPCMP 提供）

每个 CREATE 项目领域都由一个项目经理领导，他们负责特定专业领域（飞机、船舶、地面车辆或天线）的 CREATE 软件开发项目。项目经理负责辅导和指导软件开发团队，为团队制定长期计划，并确保团队和团队成员的成就得到项目、赞助商和相关专业协会的认可。他们与团队负责人共同负责辅导和指导开发团队成员的职业成长。软件开发团队负责人组织开发任务、评估进度、确定最佳解决方案的算法等。

现今，CREATE 项目团队的规模约为 115 名工程师、科研人员和支持人员，分布在五个项目和 12 个软件开发团队中。项目经理负责 CREATE 在特定领域的软件开发计划，如船舶、飞机、地面车辆和天线。他们向 CREATE 项目主任报告。每个软件开发项目都被嵌入陆军、海军或空军的研究和开发设施中。软件团队负责人和许多团队成员是该设施的文职雇员或支持承包商。软件开发团队负责人向美国国防部研究和开发组织（如位于马里兰州贝塞斯达的海军水面作战中心卡德洛克分部）的高级文职雇员报告。这加强了 CREATE 项目与军事部门之间的联系。每个项目经理都由一个代表美国国防部相关军事项目需求的董事会指导。

### 第 5 步：制定几何图形和网格生成策略

（1）内部开发的网格和几何图形工具

一个高质量的网格是物理对象计算机建模的基础。制定一个网格和几何图形的生成策略并尽快实施是非常重要的。如果计划在内部开发，要生成产品几何图形的数字表示。产品几何图形可以用来开发任何定量分析和使用自动程序的产品性能预测所需的数值网格。这些性能分析提供了关于产品设计修改的信息，以实现所需的产品性能特征。首先根据分析结果修改几何图形，然后从几何图形中再生出网格用于进一步分析，这比直接修改网格要容易得多。从几何图形到网格的过程可以是自动化的，但直接修改网格通常是一个人工密集、冗长和容易出错的过程。

为什么要在内部开发网格和几何图形生成工具，答案是使用第三方软件存在风险。如果 CREATE 项目依赖外部开发的工具，那么风险太大，主要是因为其独特的需求，外部软件包无法满足。根据 Blacker 博士的建议和对选项的分析，在海军研究实验室建立了 CREATE Capstone 项目。该项目在 *Computing in Science and Engineering* 的一篇论文（Dey 2016）和 4.2.2 节中进行了描述。

几何图形和网格生成工具很复杂。需要时间和培训来获得成为熟练用户所需的技能和经验，并将该工具纳入设计工作流程中。无论选择哪种工具，程序必须获得对所选择的工具的发行权。当然，如果选择的是商业产品，项目（或用户的组织）将必须获得足够的许可证来覆盖所有的用户和开发者。所有的客户用户将需要使用几何图形和网格工具来生成设计所需的数字产品模型和生成分析所需的网格。

（2）失去对软件分发控制的风险

CREATE 项目突然被阻止使用一个关键模块，这个模块是由其他组织出资开发的。通过向相关部门发出呼吁，CREATE 项目得以从封锁中得到一些缓解，但这种缓解只持续了一年多的时间。此后，封锁使 CREATE 项目无法履行其对客户组织的义务。CREATE 项目已经支付了原始模块的部分开发费用，并且也在支付维护费用。

CREATE 项目花了两年时间开发替代模块，以便可以控制对该模块的访问，并可继续自行改进它。这说明了控制软件的开发和分发对软件生存的重要性。

（3）开发团队与用户群体

许多用户可能有潜力成为优秀的软件开发者。他们使用软件的经验，使得他们对解决方案的算法和软件的其他功能的优点和缺点有独特的见解，他们转而成为开发者。同样，一个软件开发者可能会成为一个用户。开发者往往可以更深入地了解哪些算法和其他方面的改进会非常有用。本书的一位作者在一个大型能源部实验室工作了十年，该实验室的用户（也被称为“设计师”）会在用户和开发者社区之间来回转换。这样做的人往往是实验室里一些最好的和最有创意的用户和开发者。

### 第 6 步：为软件测试和软件发布制定策略和计划

（1）什么测试如此重要

对于计算工程和科学研究来说，软件结果的准确性是一个关键性能指标。如果软件结果不准确甚至错误，其后果可能是灾难性的。

美国国家研究委员会（NRC）在 2012 年对科学软件的测试进行了研究，研究报告由华盛顿特区的国家科学院出版社出版（NRC 2012）。该报告对工程和科学软件的测试进行了很好的概述，包括对工程和科学软件测试的价值和必要性的讨论。NRC 的报告还讨论了不确定性的量化问题。

测试还应该包括软件的完整性测试，这是一个软件质量属性。对于软件来说，完整性经常被用作安全性的同义词。这个术语也被用来指没有对软件进行过未经授权的修改。在更普遍的意义上，完整性指的是代码质量，即不存在使代码在某些情况下变得脆弱甚至无法操作的缺陷。在美国国防部范围内，软件完整性测试受 *DoD Security Technical Implementation Guide*（STIG 2020）的约束。CREATE 项目的完整性测试也以该文件为指导。

对于现代软件开发来说，测试应该被纳入软件开发过程的每一个步骤和每一个层次。每个级别的软件，从最简单的模块到完整的、集成的软件应用，都需要进行测试。现代工具和软件开发基础设施支持许多任务的自动化，特别重要的是频繁的回归测试。我们将在第 10 章专门来讨论这个问题。

（2）不确定性量化实践

由于使用计算机来进行产品设计决策、分析复杂系统以及预测其未来行为，量化不确定性变得越来越重要。例如，天气预报变得更加准确。今天的 5 天预测与 40 年前的 1 天预测具有相同的准确性（Alley 2019）。

（3）为软件质量保证、软件验收测试和软件发布制定策略和计划

现代软件开发方法提倡频繁发布。DevOps 强调实施一种发布策略，旨在最大限度地减少和缓解部署科学软件的内在风险（DevOps 2020）。DevOps 的一个目标是尽可能地实现开发和测试的自动化。质量保证主要取决于测试（包括软件验收测试），它非常重要。这些主题将在后面的章节中讨论。

CREATE 项目已经开发了一个管理软件开发和发布过程的标准流程。它是基于与财政年度相联系的迭代开发周期。

按照 Scrum（Schwaber 2004）的敏捷软件开发方法，几乎每个月都有一个候选版本。测试将新功能的发布限制在每个季度一次。第 8 章详细描述这个过程。

CREATE 项目开发团队采用基于主干的软件开发方法，强调对每天的软件构建进行自动夜间回归测试（Trunk-based 2021）。软件验收过程依赖于开发人员在每个复杂程度（单元、集成、全系统）的软件测试（alpha 测试），然后由独立的软件验收小组进行测试，最后由用户（beta 测试）代表其上级组织进行测试。一篇期刊文章“HPCMP CREATE-AV 质量保证”描述了 CREATE 软件验收过程（Hallissy 2016）。

### 7.2.4 建立计算生态系统

**第 7 步：制定并实施一项战略，以获取成功所需的计算、网络和数据存储资源**

（1）计算生态系统

计算生态系统包括计算机、计算机网络、数据存储、测试、用户、软件和安全。

计算始于计算机。高性能计算机是虚拟原型技术的使能技术。虚拟原型验证程序需要访问超级计算资源。计算机需要操作系统软件、计算算法库、系统管理员、维护和修理技术人员，以及获得可靠、高质量的电力。紧急备用电源也是强

烈建议的。良好的物理安全和网络安全是必不可少的。

虚拟软件开发项目需要安全、高速、高带宽和高度可靠的计算机网络，将用户、开发人员和高性能计算机相互连接并与外部世界连接。这在远程、虚拟的工作世界中越来越重要。可靠性是一个关键要求。随着网络技术的不断进步，网络成本也在慢慢下降。通信网络是计算生态系统中网络安全是非常重要的。

高度可靠和方便的数据存储能力对用户和软件开发人员都很重要。用户需要存储、检索和分析结果、测试数据和其他专有数据。软件开发人员需要存储和检索源代码、可执行文件和支持文档，还经常需要将数据备份到至少一个或多个场外数据存储设施。这些数据存储设施必须具有良好的物理安全性、备用电源系统和冗余网络连接。

良好的计算机安全性要求在强大的安全性和强大、有效的操作之间取得平衡。

计算系统需要所有的标准软件库、操作系统、工作控制软件、数据存储检索系统，以及其他客户使用的计算机系统的典型功能。对组织所需的计算能力设定现实的预期是很重要的。有些系统很容易扩展，有些则不然。系统也很昂贵，每 5 ～ 6 年就需要更新一次。另一个关键考虑因素是编程的便利性。由于供应商努力提高计算机性能，往往导致增加了计算机的结构复杂性。最终的结果是，编程可能变得更加困难，使软件开发需要更长的时间。

（2）虚拟原型软件项目的基础设施

一个典型虚拟原型软件项目的基础设施包括自动构建服务器、自动测试服务器、文档库、自动配置管理和测试基础设施、问题跟踪、日志跟踪、下线过程跟踪、软件库、求解器库、线性代数库、编程库等。

要认识到软件开发人员和用户是虚拟原型软件开发项目基础设施中最重要、最稀缺、最昂贵的部分。开发过程中涉及许多常规和可重复的任务，比如编程。完成这些类型的任务的自动化可以减少错误、缺陷和提高效率，自动化还是有效测试的关键，因此提高软件开发的效率和效果是非常重要的。

软件开发团队负责人重点关注软件开发的基础设施是很重要的。普遍经验是，如果一个外部团队，如建立 IT 基础设施系统的当地信息技术（Information Technology，IT）团队不向软件开发团队负责人报告时，它往往不会提供开发团队需要的服务水平。与软件开发人员的成本相比，开发基础设施的硬件和软件的成本很小。对于 CREATE 项目来说，为大约 115 名软件开发人员提供服务的软件开发基础设施每年的成本大约等同于 2 个全职人员的成本。计算基础设施可以极大地帮助软件开发团队更快速地开发和部署更高质量的软件。

需要注意的是，软件开发人员要避免做那些可以由IT支持人员完成的任务，以使软件开发人员不会被网络和计算机安全以及其他与编写和测试软件关系不大的问题所困扰。正确的做法是让IT支持团队向软件开发团队的负责人汇报，后者可以确保IT支持团队获得其负责工作所需的优先权。IT支持团队是技术娴熟、经验丰富的专业人员，他们在计算机安全、网络、采购和维护等工作中，支持开发团队，没有他们的支持，软件开发的效果将大打折扣。

（3）激励软件开发者

正如我们反复强调的那样，软件开发人员和用户是虚拟原型开发项目中最重要、最稀缺、最昂贵的部分，激励他们让他们在组织中感觉到是快乐的。他们是知识型工作者，重视诸如灵活的工作时间和对他们的贡献的表扬和认可等因素。

### 7.2.5　制定政策和进行实践

**第8步：为项目运营、业务、治理和外联制定政策并进行实践**

一个虚拟原型软件项目主要有以下四个部分：

- 赞助商
- 软件开发和部署计划
- 客户和其他潜在的利益相关者
- 用户和客户

这些组成部分有可能是同一个组织的，但他们的联系可能不紧密，就CREATE项目而言，赞助商最初是OSD，但目标客户是美国国防部的采购项目，用户为客户、军事部门和他们的联邦承包商工作，而不是为CREATE项目赞助商工作。

对于组织的合作，如果要尽量减少冲突，就需要明确参与规则。软件开发团队需要与赞助商的工作人员建立工作关系，特别是负责监督软件开发项目的工作人员。赞助商负责提供执行项目所需的资金和其他资源。作为回报，软件开发项目要对赞助商负责。如果用户是赞助商的直接雇员，那么他们也要对赞助商负责。

软件开发团队负责为客户开发和部署软件应用程序。用户负责应用软件来支持客户实现其目标。除开发和部署软件以及使用软件设计产品或进行科学研究的专业任务外，赞助组织负责所有工作。所有工作包括保持开发团队生产力所需的所有业务和人力资源支持。

（1）治理策略和流程

赞助商还负责与开发团队和用户组的领导层一起制定治理策略和流程。治理需要确保用户和开发人员相互支持，以便用户能够成功地向客户的组织提供满足其目标所需的信息。通常，赞助商也是客户，但如前所述，CREATE 项目的情况并非如此。赞助商也需要进行监督，以确保软件开发项目满足赞助商的需求，并且软件项目是赞助商资金的良好管理者。

（2）记录合作期望的重要性

对于在共同感兴趣的项目上进行合作的组织，有书面协议记录共同义务是非常有用的。对于联邦政府来说，这些书面协议被称为协议备忘录（MOA）或谅解备忘录（MOU），体现伙伴关系或协作方式合作的意愿。尽管出现争议时 MOU 和 MOA 在法律上不可执行，也不涉及资金转移，但它们确实提供了每个组织对合作努力的期望和承诺的书面记录。这对于友好地解决争端和冲突非常重要，因为达成协议的人可以在合作完成之前离开组织。MOU/MOA 为友好的企业连续性提供了机会。

与政策相关的管理问题如下：

1）**许可（知识产权保护）**。需要有许可政策来保护软件开发团队的知识产权。如果没有良好的知识产权政策，项目就有可能失去对软件应用的所有权和控制权。

2）**商标和专利**。商标和专利政策对于保护软件的品牌是很有用的。它们的使用提供了一些保护，防止其他团体编写一个软件应用程序并使用你的应用程序名称，避免你的"品牌"和声誉可能会受到损害。

3）**证据**。开发者是专业人士，他们需要能够提供证据，证明他们的工作对客户组织产生了影响。如果用户不在他们的报告、谈话、论文和其他各项软件结果中将这些影响归功于软件开发小组，这就不会发生。将此作为获得软件使用权的条件是很重要的。同样，为了证明其资金的合理性，软件开发项目需要有客观的证据来证明该软件对赞助商实现其任务目标的能力的影响。这一点在科学研究界尤为重要。

4）**把关（质量保证）**。许多软件项目依靠其他团体开发产品。这些项目需要建立一个软件验收程序，以确保外部开发的软件符合准确性、文档和编码标准的要求。

（3）项目管理、软件开发和测试实践

受过程约束的软件开发方法并不适合虚拟原型范式。原因很简单：虚拟原型软件的开发需求必须在过程中被发现。通常情况下，赞助商或客户寻求迁移到虚拟原型范式，以清楚地表达他们的需求，使之成为常规的编程工作，这几乎是不可能的。即使一个需求被清楚地理解了，不通过实验来满足它也是不可能的。

现在大多数技术软件都是使用敏捷方法开发的，可以应对不断变化的需求。然而，明确项目管理、软件开发和测试的项目管理期望是很重要的，这可通过采用一系列实践来实现，但没有具体说明如何实现这些期望，就像口述过程那样。这为如何满足期望提供了一些灵活性。

CREATE 项目采用了一系列项目管理、软件开发和测试实践来帮助其实现目标。接下来的三章提供了最重要实践的示例。在涉及大约 30 个不同参与者的分布式软件开发工作中，共享实践已被证明是管理软件开发风险的成功方法。

（4）编程实践

编程风格是一套书面的准则、规则或编写源代码的标准。一般来说，这些都是针对特定语言的。编程风格有助于软件应用的标准化，使新员工更容易理解按照风格编写的代码。一个共同的风格也鼓励重复使用和共享源代码。所有常见的编程语言都有推荐的风格。维基百科是一个很好的选项信息来源，其他还有谷歌的 C++ 风格指南或 Epic 游戏编码标准。

好的编程方法是很重要的。编程培训课程对新员工特别有价值，其中包含了经验丰富的老软件开发人员的宝贵经验。

（5）外联

为开发团队建立监督和咨询程序包括建立技术咨询小组和由合格的外部团体进行审查。即使是营利性组织也经常向外部团体（如顾问）寻求建议。研究机构利用外部同行的项目审查来获得关于如何加强其研究项目的建议。他们还利用同行评审来决定晋升。反过来，他们又充当其他研究组织的同行评审员。这一般来说效果不错。政府资助的研究实验室和大学积极寻求知识渊博的外部评审员的建议。公司出于竞争的需要，对外部审查的态度更为谨慎。更多信息请见第 8 章。

## 7.3 虚拟原型软件项目的组织结构

虚拟原型软件项目的组织结构通常要尽可能简单。在项目管理层面，最重要的三项管理任务如下：

1）确保持续的项目资金。

2）追踪整个联盟的项目执行情况，以确保问责制，并对需要项目层面支持的问题提供帮助。

3）监督财务管理。

在 CREATE 项目中，每个应用领域（航空器、地面车辆、船舶和天线）都被组织为一个项目，由一个项目负责人分担前面所述的三项任务的管理责任。

软件开发团队通常是围绕开发、交付和支持特定类型的数字模型（如固定翼飞机）的软件所需的技能来组建的。敏捷方法（如 Scrum）定义了团队成员的角色（例如，开发人员、产品所有者和 Scrum 主管）。团队必然是多学科的，包括主题专家、科研人员或工程师、计算机领域专家（包括高性能计算方面的专家），以及一个团队负责人（能够对工作的执行进行合理专业判断的专家）。在 CREATE 项目中，团队负责人通常是其所在联合组织中受人尊敬的成员，如政府雇员，并经常充当 Scrum 主管。

图 7.2 显示了 CREATE 项目的组织结构图。CREATE 项目联盟由 11 个软件开发团队组成，以七个不同的用户组织为中心。

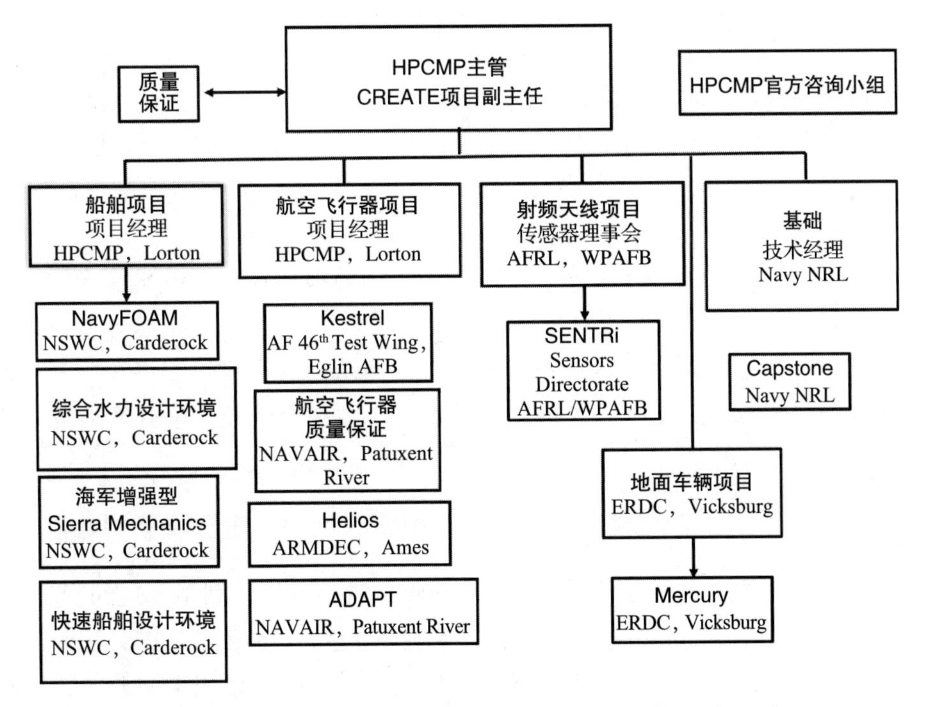


图 7.2　CREATE 项目的组织结构图（截至 2020 年 1 月 6 日）
（由美国国防部 HPCMP 提供）

CREATE 项目有一个独立的质量保证（Quality Assurance，QA）团队，支持所有的软件开发团队。QA 团队包括：专家用户，他们可以像用户一样测试软件；一个“构建大师”，负责处理发布的准备工作、部署和所有支持的软件版本的操作支持；以及一个团队负责人，协调与开发团队和用户社区的互动。QA 团队还负责管理用户论坛，并提供其他形式的用户支持（例如，培训）。此外，CREATE 项目还有一个家长顾问团。

## 7.4　虚拟原型软件项目的进度跟踪

下面以 CREATE 项目为例描述虚拟原型软件项目如何在产品开发团队及其上级组织的联盟中跟踪进度。

通过每年提交和审查以下五个产品团队级文档来跟踪进展：

- 年度产品基线（Annual Product Baseline，APB）
- 最终设计评审（Final Design Review，FDR）
- 产品路线图
- 产品关键功能的发布摘要
- 产品发布后的回顾

### 1. APB

APB 是 CREATE 项目和执行组织（用美国国防科学委员会的术语来说，就是软件工厂）之间的非正式的单页合同。APB 将关键交付物与 CREATE 项目办公室提供的资金联系起来。APB 承诺执行软件开发团队及其上级组织将按照其中列出的时间表交付带有特定增强功能的新软件版本。在每个财政年度开始时支付资金之前，需要批准 APB。

### 2. FDR

FDR 以大纲的形式包含了通常在一个典型的软件开发计划中发现的所有内容，与利益相关者举行实际的审查会议来讨论和批准 FDR。FDR 是对即将到来的年度产品开发周期中发布的所有版本的承诺的记录。当新的开发周期开始时，产品日志（新功能、错误修复等）会根据 FDR 的输入进行更新。

FDR 涉及以下内容：

1）软件在其路线图上的状态。

2）上一个版本中的重要功能。

3）谁在使用它。

4）新的成功案例。

5）下一个版本的计划能力列表，以及对成功发布至关重要的关键能力。

6）关键能力的测试计划要点。

7）关键能力的风险和解决措施。

8）任何新的知识产权（第三方软件，包括开源软件）将包括在版本中。

9）新产品周期的主要里程碑（特别是包括关键能力的发布或功能展示日期）。

10）新产品发布的部署和支持要求。

**3. 产品路线图**

每个 CREATE 项目产品路线图以用例、重要的功能或属性来表示。路线图由项目的董事会管理并定期更新。图 7.3 是一个 CREATE 产品路线图例子。

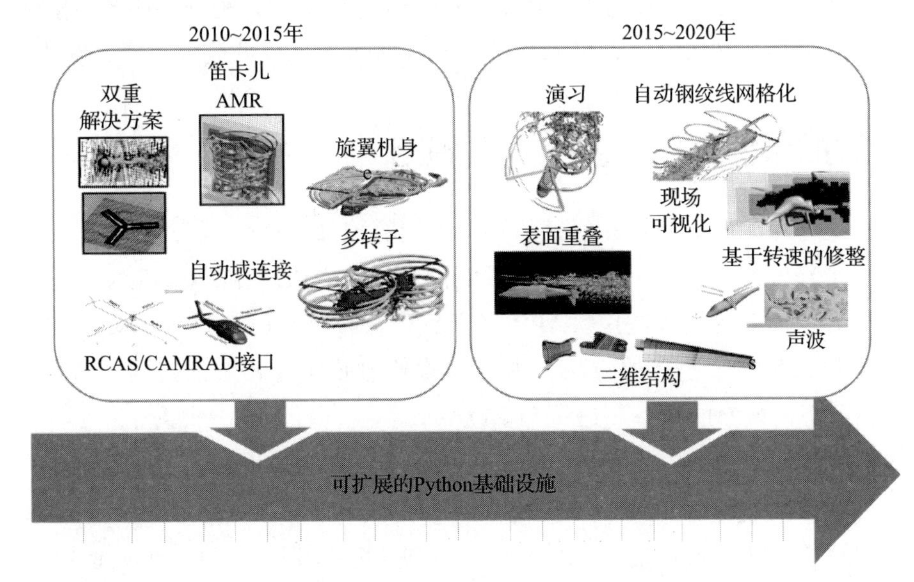


图 7.3 CREATE 产品路线图示例（Helios）
（美国国防部 HPCMP 提供）

产品路线图预测软件产品至少在未来 10 年内的能力、可用性和性能的增长。路线图是基于功能层面的角度，颗粒度通常是相当粗的，CREATE 产品路线图由董事会管理，以确保它们反映客户的意见和优先事项。路线图与 FDR 中记录的其他客户意见一起，被用来为下一个年度开发周期的日志工作确定优先次序。CREATE软件产品的设计寿命很长，所以路线图被认为是一个重要的规划和沟通工具。

**4. 产品关键功能的发布摘要**

产品发布摘要记录了在年度产品基线中做出的关键承诺的完成情况（阈值和目标）。这份简短的报告在年度开发周期中新版本号（$n$+1.0）发布后不久就要提交。它通过比较承诺的内容和交付的内容来为这个周期画上句号。

**5. 产品发布后的回顾**

在年度开发周期结束时，每个CREATE项目团队的负责人都会在最终发布后进行一次回顾。回顾加强了开发过程中的责任感，因为它们将承诺的内容与交付的内容进行比较。进行重点回顾在FDR中对发布产品所做的承诺的满意度，还要对产品功能、时间表和质量措施进行审核，以便为下一个开发周期积累经验教训（如项目任务的资源分配、经历的或要避免的风险和反复出现的问题等）。另外，还要评估文件的状态，以及新产品功能对培训和辅导的影响。项目负责人会收到一份回顾性的总结。

## 7.5 虚拟原型软件项目的开发周期

文档是管理虚拟原型软件项目的开发周期的关键。这个周期从FDR开始，它基于不断更新的产品日志，并以发布后的回顾结束。FDR和产品路线图被用来确定下一个开发周期的优先次序。APB将产品开发与年度资金周期联系起来。在软件工程中，这是一个迭代的方法，沿着与联邦财政年度相关的路线图逐年推进，在某些情况下，发布的频率高达每个季度。

候选版本是一个或多个冲刺（Scrum开发间隔）的产出，对某些客户有足够的价值，如考虑由CREATE项目中的QA团队进行全面测试和最终发布。这通常包括用超级计算机进行面向客户的测试。每个冲刺阶段都会产生一个候选版本，但并不是所有的候选版本都值得立即进行全面测试和发布。然而，每年至少有一个候选版本必须满足产品的APB中的承诺。

## 7.6 总结

建立虚拟原型软件项目的经验教训如下：

- 尽管具有挑战性，但只要有需求、好的想法、灵活性、毅力、努力工作，再加上一点运气，就可以建立一个虚拟原型软件开发项目。
- 软件开发团队是该项目的关键资源。
- 通过透明、真实和清晰地沟通项目的影响和逻辑，努力与赞助商的财务团队建立起强烈的信任感。邀请赞助商参加会议，让开发人员和用户在会议中描述他们正在做的事情，并详细说明工作的影响。这可以让赞助商财务人员了解开发者和使用者的质量，以及他们对赞助商实现其目标的能力的影响。保持所有财务交易的可审计记录。保持项目在赞助商财务团队中的可信度。
- 专注于满足赞助商目前的需求，确保赞助商理解项目的价值，并预测和准备好满足赞助商未来的需求。
- 建立和维护现代化的软件开发基础设施，以支持现代软件开发方法，并最大限度地提高软件开发团队的生产力。确保软件开发团队负责人控制基础设施，并在不浪费他们的时间的情况下进行管理。
- 可在开发感兴趣的主题的研究软件的团体中寻找软件开发人员。
- 尽可能地将用户和开发人员集中在一起，以确保对不断变化的需求、可用性、验证和确认以及其他问题的快速反馈。
- 在强大的测试要求的基础上，由一个独立的小组建立一个软件发布和验收测试流程。
- 建立并保持对软件应用程序及其相关工件所代表的知识产权的有力保护。
- 确保赞助商保持对软件分发的控制权（所有权）。
- 建立和维护良好的网络安全程序。
- 不断地吸引你能找到的所有盟友。当其他项目试图夺取该项目资金时，你将需要他们。
- 鼓励和支持软件开发团队的成员参加相关的专业协会、出版物和其他职业发展机会。
- 尽早开发最小可行产品，向客户群体和赞助商展示虚拟原型范式的价值，为开发团队提供培训，因为他们要从开发研究软件过渡到开发强大和可用的设计和研究工具。
- 在 3 或 4 年内逐步建立起软件开发团队。
- 愿意承担风险以克服官僚主义和技术障碍。
- 专注于识别和降低风险。

第 8 章
Chapter 8

# 虚拟原型软件项目的风险管理

## 8.1 引言

从 CREATE 项目和 FLASH 项目以及我们所关注的许多其他软件开发项目的经验中可得到最重要的管理启示是风险管理。

风险管理是 CREATE 项目成功的关键。在 CREATE 项目的形成阶段，它也被认为是一个重要的考量因素（见第 7 章）。

风险有多种形式。本章重点讨论*程序性风险*的管理。第 9 章讨论如何管理执行风险。

CREATE 项目是一个联合的软件开发项目（即通过与中央协调或管理机构的协议联合起来），就像 FLASH、社区气候模型和许多其他基于科学的软件开发项目一样，这对其风险管理是有影响的。

本章还介绍 CREATE 项目所采取的管理文件的轻量级方法，最后，本章总结第 2 章中介绍的产品开发周期，这次是从项目管理的角度看的。

让我们从一个简单的工作定义开始。*程序性风险*描述的是：最好（也许只有）在程序层面上解决的风险，或从任何层面上危及程序的存在的风险。如果像 CREATE 项目这样的软件开发项目要想长期存在，早期识别和减轻程序性风险对其成功至关重要。为什么寿命长是一个问题？正如前几章所强调的，像舰船和飞机这样的长寿命产品的虚拟原型和数字代理（以及创建它们的软件）必须在产品使用期间一直是可行的。许多为美国国防部开发的军事系统都被设计成有半个世纪的使用寿命。这种软件的持续可用性正日益成为设计过程的首要要求。因此，像 CREATE 系列中的软件应用需要在几十年内可用，或者也许无限期可用。尽管 CREATE 工具只有十多年的历史，但 NASTRAN（Mule 1968）——一个有限元结构分析代码，自 1968 年以来一直被广泛用作产品设计的工具（包括美国国防部）。

开发一套用于虚拟产品开发的软件就需要 5 年或更长时间（Post 2004）。在软件的整个生命周期中，需要持续的、可能是大量的开发工作，“软件是永远不会完成的”（McQuade 2019）。事实上，衡量这些软件工具成功与否的一个标准就是用户群体不断提出的改进要求。

在软件应用程序的生命周期中，计算机结构、编程模型和语言、解决方案算法等都在发生变化，甚至软件开发方法都是如此。在 20 世纪 90 年代之前，基于物理学的软件应用往往较为单一，主要是用 Fortran 语言编写的，而且没有使用现在几乎普遍使用的敏捷软件开发方法来开发（Boehm 2003）。对于其中的一些应用，目标硬件架构和相关的编程模型已经从串行（标量）发展到并行（矢量），现在是混合并行（如 CPU 和 GPGPU）。所有这些变化或是风险的来源，或是存在风险。成功地管理和执行虚拟原型软件开发项目需要从长计议，预测变化和伴随的风险。当然，开发环境的变化并不是程序性风险的唯一来源。

## 8.2　程序性风险

通常，最难降低的项目风险是那些不能直接控制的风险（程序在一定程度上可以控制这些风险），这与内部的、执行层面的风险形成对比。例如，在软件工程文献中对这些风险做了描述（Kendall 2007 和 DeMarco 2003）。成功的、长期的软件开发项目的管理者必须认识到风险，最好像 CREATE 和 FLASH 这样持久的软件开发项目在一开始就制定风险缓解策略（Kendall 2016、Carver 2017、Lamb 2011 和 Fryxell 2000）。

对于 FLASH 项目和 CREATE 项目来说，重点是以下四类程序性风险。

1）**财务风险**。充足的资金，尤其是长期（几十年）的资金，对这些项目来说是持续存在的挑战。赞助组织（特别是联邦政府）的人员流失，是财务风险的严重后果，有时是致命的。

2）**管理风险**。合作伙伴中的一些成员未能如期交付，往往是由于关键人员的流失，这是一个令人担忧的风险。参与机构的知识产权的潜在损失也是如此。对 CREATE 项目来说，限制管理灵活性的美国国防部文化是一种风险。不同贡献机构之间的项目协调是所有分布式软件开发项目都会面临的管理风险。

3）**进度风险。**进度风险通常是由追求高风险的能力、关键代码组件对外部资源的依赖或关键人员的流失所引起的。同样要认识到，在需求的表达中通常存在高度的模糊性，尤其依赖创造性来解决问题是很困难的。

4）**技术风险。**不断变化的计算机架构和环境、编程模型以及新技术方法是有不可预见的局限性的，这对于依赖高性能计算的基于物理学的软件来说，是永远存在的风险。对于生命周期较长的科学软件来说，技术债务也是一个问题。

## 8.3　风险管理

对 CREATE 项目来说，程序性风险管理始于一套*方法*（这里指高层次的准则，而不是自然规律），且这些方法的风险又导致了*实践*的风险。实践将方法的意图落实到可操作的层面，它们通常以*标准*的形式描述具体的期望。Berry Boehm 在他的论文 *Software Risk Management: Principles and Practices* 中讨论了风险管理的方法与实践（Boehm 1989），并重点讨论了工作流管理。流程描述了工作的执行方式，比如经典的瀑布模型，在这个模型中，软件开发是以线性、顺序的流程执行的。它从定义需求开始，经过软件设计、开发和验证，再到维护。另一个例子是挣值管理，这是一种通过预测完成日期和最终成本，并通过跟踪与预测偏差来衡量项目进度的方法。这些都是相当死板的方法，几乎没有什么灵活性。虽然流程是不可避免的，即使是敏捷方法，全面的基于计划的流程在联合软件开发项目中很难被授权。FLASH 和 CREATE 等联合项目，允许合作伙伴采用与其组织文化相适应的流程。尤其是 CREATE 项目的管理方法，在实践层面上止步不前。实践在执行（软件开发）层面上设定了项目的期望。CREATE 项目的管理层认识到，对流程的强烈关注会导致忽略软件开发的技术人员，由此削弱了他们的能力。敏捷方法是一个更好的选择，尽管它们不是无流程的。对于由来自不同企业、学术或政府文化的贡献者组成的联合项目，采用单一的、规范的、流程驱动的软件开发方法是不可行的。

### 8.3.1　项目管理策略

FLASH 项目和 CREATE 项目还采用了一系列策略（规则）来解决它们作为项目赞助商的角色所产生的问题，以及知识产权的风险。例如，FLASH、GAMESS、社区气候系统模型和其他有外部贡献者群体的科研规范，在外部贡献者在场的情况下面临质量保证风险。另外，CREATE 项目的产品没有外部贡献者。

以下列出了软件管理策略的一些示例。

1）**许可证（知识产权保护）**。许可证是知识产权保护的一个重要组成部分。即使是开源代码也采用许可证。被许可人承认使用限制。大部分的 CREATE 代码都有出口管制，因此许可证就显得尤为重要。

2）**商标**。在出版物和演讲中提到 CREATE 产品时，都需要展示其商标。

3）**署名**。当代码贡献者的名字没有出现在基于软件使用的出版物上时，他们在支持企业方面的工作需要得到认可。诸如 FLASH 和 CREATE 等项目都有政策要求在出版物中识别软件贡献。

4）**质量把控**。FLASH、GAMESS、CCSM 和其他共享社区代码要求外部贡献者与内部团队的成员合作，以确保他们的代码符合为母体应用建立的编码标准。质量把控为用户和开发人员提供广泛的测试和文档。

### 8.3.2 CREATE 软件项目的风险管理

正如前面所强调的，方法与实践是 CREATE 项目风险的管理的核心。这些原则和实践是在 2007 ～ 2008 年项目启动时制定的，发表在 *Computing in Science and Engineering* 中（Kendall 2016）。这些方法与实践是基于项目创始人的集体经验、已发表的类似项目的案例研究、软件工程文献以及商业软件供应商的成功经验。这些方法与实践还在不断发展，其中有许多可能也适用于其他联合软件开发项目。以下列出了 CREATE 软件项目的风险管理的方法。

1）成功取决于雇用正确的团队负责人，并建立和支持一个强大的、多学科的团队。

2）软件是由团队开发的，而不是由组织或流程开发的。开发团队的作用是在预算范围内提供高质量的软件应用，质量和预算是重要的相关因素。

3）管理的存在是为了促进工作团队的成功。

4）项目管理不仅仅是进行监督，还需要有强有力的领导力，如①提供稳定的资金、利益相关者的支持以及建设性的开发和部署环境；②指导解决组织和技术问题；③尽可能地保护开发团队不受机构变动和其他因素的干扰。

5）努力平衡开发过程中的需求，赋予开发团队行使技术判断的权力，使他们具有强烈的责任感、纪律性和敏捷性。从而创造出满足需求的可用产品。

6）短期的具体计划的制订需要依据长期计划，因此，从长期的战略计划出发确定执行计划的可行路径是至关重要的。

7）实施严格的独立核查和验证，确保软件的可信度。

8）预先保证软件部署的合规性。例如，有些客户可能不被允许在他们的桌面上安装未经认证的软件。

### 8.3.3　降低风险的项目管理实践

**1. 财务风险**

财务风险通常指失去赞助商的支持，这也许是最普遍担心的风险类别（Montgomery 2010）。确保赞助商的支持是项目风险管理的重中之重。CREATE 项目采取了以下实践，以应对失去赞助商支持的问题。

1）实践 1。持续维护与赞助商中高级管理人员的关系，让他们了解软件项目的最新进展，并争取他们更多的支持。尤其对于政府赞助的项目，持续的项目推广是必需的。一般来说，新的领导人都会有启动新的项目的想法。启动新项目的资金必须通过征税或终止现有项目来“获取”。因此，说服新的领导相信你的项目比其他项目更有价值是至关重要的。项目经理只需要失去一次这种论据，项目就会失去资金。为项目的持续资金需求提出可信的理由也是非常必要的。

2）实践 2。确保在项目 / 产品生命周期内的每一个预算年度，对可交付成果的预算资金需求进行定义和规划，并在发生变化时重新调整。

可预测的、稳定的资金支持对于一个长期的软件开发项目的稳定性来说非常重要。巨大的资金震荡会导致高离职率和基本人员的永久流失。这就增加了项目失败的可能性。此外，从开发人员的角度来看，项目资金的大幅减少可导致他们对项目及其可行性缺乏信心。因此，当资金支持有波动时，必须加以管理，以尽量减少对项目的负面影响，必要时还要为资金的波动制订应急计划。

3）实践 3。组建董事会（或类似的机构）来代表利益相关者组织，并在需要时召集他们，以帮助确保利益相关者组织与开发团队保持接触。

CREATE 项目中的每个子项目都有一个董事会，由软件产品利益相关方的高层领导组成。董事会主要完成以下工作：

- 对项目计划提供及时的建议和投入资金。
- 提供项目宣传等的投入和观点，以及对高级别客户的监督。
- 招募新的董事会成员，以取代离任者，以维护赞助商、开发团队和客户之间的关系。
- 让相关组织的高层领导及时了解软件开发者的最新进展。

董事会通常每半年召开一次会议。

**2. 管理风险**

这里，管理风险指的是需要项目级指导以确保协调结果带来的风险（在联合项目中尤其重要），这是在开发团队层面上无法避免的风险。

CREATE 项目领导团队认识到，虚拟原型软件项目是创造性的项目，无法通过遵循一个僵硬的、既定性的过程来实现，需要承担风险。CREATE 项目的领导层采用以下实践来最大程度确保项目的成功。

1）实践 1。用一种鼓励迅速反应、灵活规划而又不牺牲产品交付规则的方法来管理软件开发。一方面，CREATE 项目通过探索打破僵化的流程约束的创新方法，包括那些失败的方法，直到确定一个成功的方法，从而获得了成功。另一方面，CREATE 项目确保开发团队灵活、敏捷且组织层级较少，即小型分布式团队，并使他们有效沟通和相互信任。

2）实践 2。制定保护知识产权的策略。商业软件供应商非常清楚保护其知识产权的重要性。这包括：

- 控制软件传播范围。
- 防止分发伪造的副本。
- 防止知识产权被侵占。
- 保护软件的声誉，即“品牌”。

所有这些知识产权问题都应该在任何软件发布之前得到解决。

开源软件组件在现代软件开发中已经无处不在。开源软件的使用也需要得到相应的许可。

最后，软件产品还可能面临出口管制问题。如 CREATE 系列软件工具因支持军事硬件的开发而受到 ITAR 的限制。

CREATE 项目制定了以下项目层面的知识产权战略：

1）在签订软件开发工作合同和接受第三方软件许可时获得必要的权利，从而获得知识产权。

2）通过使用标准的软件用户协议，跟踪和监控 CREATE 软件产品的分发。

3）通过使用官方商标（“HPCMP CREATETM”）来执行该项目的商标，以区分政府的官方、合格、商标版本的软件和任何未经授权的分发副本。

4）通过雇员合同条款澄清与承包商的软件所有权问题，保证 CREATE 项目对雇员创造的知识产权的独家使用和所有权，例如，包括相关的 DFARS（Defense Acquisition Regulations System）条款（DFARS 2020）。

**3. 进度风险**

进度风险的主要来源之一是未能达成对软件需求的共同理解。与大多数类型的工作相比，很难对技术软件的需求达成共识，尤其是以书面形式。在一定程度上，开始人们往往没有完全理解需求。在“geekwork”（Glen 2003）中，软件被列为需求模糊的主要例子之一。误解或模棱两可的需求会导致严重的进度风险。

CREATE 项目采用了几种需求管理实践，以降低因对需求理解不一致带来的潜在进度风险。

1）实践 1。用利益相关者、客户和开发者都能理解的且对客户友好的语言，来表述客户需求和产品能力。

需求要由利益相关者不断地完善和重新评估。最初，CREATE 项目选择用客户和利益相关者能理解的语言描述软件目标用途的场景。例如，CREATE 船舶产品 NESM 中的以下用途：

- 评估水面作战舰艇的冲击传播效应。
- 评估提升水面作战人员的能力。
- 模拟和评估实弹射击试验。

2）实践 2。用试点项目来征求客户对功能和属性实施的早期反应和意见。试点项目提供了一种方法来确保开发工作与客户需求相一致。试点项目允许开发者通过让客户早期接触到旨在解决这些需求的功能来澄清难以表达的需求（Boehm 1988）。试点也确保客户可以在他们最熟悉的环境中确定代码的价值，从而避免了一种常见的失败模式，即功能可以使用，但客户却无法使用。试点提供了宝贵的反馈，使开发团队能够在发布前纠正任何错误的沟通。最后，试点项目提供了早期的、有形的、由客户驱动的进展展示。

3）实践 3。用连续、迭代的工作流程来管理代码开发，每年至少有一个“杰出”的发布或版本。这也是美国国防部国防科学委员会的软件工厂概念的一个特点（DSB 2018）。

敏捷方法通过强调尽可能频繁地向客户交付有价值的工作软件来实现进度管理。

在 CREATE 项目代码开发团队中，增量版本（通常是季度性的）通常是在主要的年度版本之间产生。增量版本将使用小型适应性维护的不良项目管理做法的后果降到最低。对于支持虚拟原型的多物理场应用来说，涉及大量超级计算机资源的严格测试通常不能在每次冲刺后发布产品。这不像 iPhone 上应用程序的频繁更新，更像是更新典型的 iOS。

4）实践 4。实现软件开发基础设施的自动化。自动化的软件开发基础设施可以极大地提高进度性能，特别是自动化测试。软件开发基础设施自动化的价值怎么强调都不为过。一个持续集成软件提交、构建和测试的自动化系统，将使软件开发人员更具生产力，并提高其产品质量。这种做法极大地增加了在软件开发过程开始时发现故障而不是在后来才发现的可能性。

CREATE 项目代码与 Jenkins（Jenkins 2020）等工具持续集成，并在每次构建后自动测试。然而，它并没有以这种频率发布。尽管“持续”交付（解释为以 iPhone 应用程序的频率交付）在硅谷很流行，但对于注定要在高端计算环境中使用的多物理场应用程序来说，软件的“连续交付”是不可行的，也不可取的。新的版本需要重新校准，在某些情况下，需要几个月才能完成。无论如何，“连续交付”通常是不可行的，因为需要用稀缺的高性能计算机时间来测试。多物理场数字建模代码是“持续”发布的，而不是“连续”发布的。

**4. 技术风险**

追求高风险的技术解决方案往往会影响进度，有时会带来灾难性的后果。这种风险可通过以下实践来解决。

1）实践 1。尽可能依赖经验证的技术来满足客户需求。快速发展的计算机体系结构（尤其是 HPC 体系结构）可能是虚拟原型企业技术风险的最大来源。由于计算机硬件的变化，需要采用新的算法，许多寿命更长的基于物理学的代码需要进行重新开发。随着 GPGPU 和 OpenMP 的引入，一些已经从最初基于矢量体系结构的编程模型迁移到基于“平面”MPI 的编程模型，再迁移到 MPI+X。CREATE 项目的代码都是高度模块化和基于库的，因此维护和发展代码所需的工作被最小化。模块化也有助于技术风险的管理。

2）实践 2。开发可扩展（适应性维护）、可进化（完善性维护）、可持续，并具有支持性和稳定性的代码。

- **可扩展性**。实施时要考虑到未来的发展，以及模块化和使用支持良好的库。
- **可进化性**。可以适应环境、需求或技术的变化。
- **可持续性**。能够无限期地使用，包括系统地解决技术风险。
- **支持性**。赋予异常处理、配置控制和文档等功能，以促进维护。
- **稳定性**。代码在发展过程中不需要进行大规模的修改。

## 8.4　总结

以下总结与美国国防科学委员会（DSB 2018）所推崇的软件工厂概念的关键建议不谋而合。

- 识别和降低风险对长期成功至关重要。
- 管理客户的期望，通过让客户了解产品用途来实现。
- 持续的产品发布极大地提高了持续成功的可能性。
- 在一个联合的、多组织的、分布式的代码开发环境中，轻量级的管理技术（如使用实践而不是过程来指导结果）是至关重要的。
- 一个虚拟原型软件项目的成功取决于软件开发人员及其技术领导力。
- 尽可能多地利用自动化实施一个现代的软件开发环境。
- 有强有力支持的、低流动率的开发团队是关键的成功因素。
- 采用模块化的产品设计，为专门的组件（如网格操作和线性求解器）提供库。这些通常都是跟随硬件的演变，而不需要主机软件的干预。

第 9 章
Chapter 9

# 执行虚拟原型软件项目

本章基于 CREATE 项目阐述如何执行虚拟原型应用软件项目。

## 9.1 引言

根据 CREATE 项目和 FLASH 项目的经验，风险管理是成功开发软件以支持虚拟原型范式的关键。这里的重点是采取什么方法来执行开发、部署和支持软件的计划。

也许最重要的执行挑战（对 CREATE 项目执行影响最大的挑战）源于这样一个事实：CREATE 项目联盟是一个由不同军种的组织组成的复杂联盟，每个组织都有自己的独特文化。几乎所有的 11 个 CREATE 软件开发团队在地理和组织上都分布在约 30 个组织中，从东海岸到中西部，再到西海岸。CREATE 项目诞生于一个以研究为导向的团队，它对传统的软件工程流程，尤其是基于计划的工作流程管理方法持怀疑态度。在 CREATE 项目中从事大部分工作的军种研发实验室通常不受其影响，但由于没有它的集中影响，军种实验室采用的软件工程方法向不同方向发展（如第 8 章所述）。此外，不同的安全制度影响了跨军种的合作。这些问题并不是 CREATE 项目和美国国防部所独有的。它们也存在于其他联邦机构，甚至大学和公司内部。软件开发项目，如 FLASH、CASL 和 ECMWF，都经历过这些问题。

第 3 章中描述的其他“复杂性”也会影响到项目的执行。

## 9.2 执行风险

### 9.2.1 项目启动阶段的执行风险

与 CREATE 项目管理程序性风险的方法类似，CREATE 项目管理执行风险的方法是制定并采用一套共享的软件开发方法与实践来解决这些问题。实施的细节和过程则留给各个软件开发团队和它们的上级组织。本书作者在 IEEE 期刊 *Computing in Science and Engineering*（Kendall 2017）上发表的一篇论文中首次概述了这些风险、方法与实践。

在 2007 ～ 2008 年的 CREATE 项目启动阶段，专注于需求管理、工作流程管理、团队沟通、产品发布节奏、产品测试和产品支持六个值得关注的领域。它们与早期与 CREATE 项目类似的多物理场、高性能计算项目的失败或重大延误有牵连。这些问题影响了对工作流管理方法的选择和执行。

**1. 需求管理风险**

风险来源：只有较弱的机制或没有机制来推动客户和开发者对需求的看法保持一致。

需求管理风险已经被确定为一个程序性风险，也是一种执行风险。Fred Brooks 在 *The Design of Design* 中观察到这一点（Brooks 2010）。

- 事先知道完整的产品需求是相当罕见的例外，而不是常态。
- 必须持续地关注需求的发现和验证。过去的惯例只是在工作开始前指定需求。
- 必须建立机制来收集和解析需求，使之成为可操作的软件规范。这是个挑战：由客户创建的易于理解的用例描述可能难以用数学方法描述，甚至在汇总后会导致不可能有解决方案的状态。

**2. 工作流程管理风险**

风险来源：对灵活性的需求与对纪律和责任的需求之间的潜在冲突。

一方面，工作流程管理必须足够灵活和循序渐进，以应对需求发现过程。另一方面，在执行中必须有足够的规范，以不断地以有用的软件更新的形式提供价值。通过 DevOps，这种规范必须超越单纯的软件建设，包括运营（产品交付和运营支持)(DevOps 2020）。敏捷工作流程管理方法本质上解决了一些开发风险，但不一定像 CREATE 项目认为必要的那样广泛。例如，敏捷方法并没有解决以下沟通风险。

**3. 团队沟通风险**

风险来源：未能认识到并解决分布式团队（客户、利益相关者和开发人员）在这些参与者没有共处的环境中的沟通难题。

密切沟通是对敏捷开发方法的内在期望，但当赞助商、客户和开发人员广泛分布在多个不相关的组织中时，这很难实现。必须注意创建在不同安全区的参与者可常规使用的通信链接。这包括与无法将新软件下载到台式机上的客户打交道。

#### 4. 产品发布节奏风险

风险来源：发布速度太慢且不相关。

在美国国防部内部，人们普遍认为新硬件系统的部署速度太慢。这一观察结果也适用于支持它们的软件工具。数字代理开发的成熟代码可能需要数年时间才能发展到成熟状态，但这并不意味着多年内什么都不可用。新版本必须与资金周期同步发布，至少美国国防部每年发布一次。CREATE 项目代码在开发的第一年后都发布了。随着它们的成熟，每年发布多个版本变得可行。

#### 5. 产品测试风险

风险的来源：未进行产品测试，导致用户对软件失去信心。

在软件开发中，测试的价值随着软件支持决策的价值而增长。丰富的功能并不是区分软件的唯一因素，测试的彻底性也有贡献。测试必须要有明确的计划和目标来管理。

#### 6. 产品支持风险

风险的来源：资源不足，迫使人们在开发和客户支持之间做出选择，导致其中一方陷入瘫痪。

软件开发项目开始时，对产品支持的需求非常低。随着用户群的增长，需求也在增长，如果不注意确保其中一方不被忽视，往往会以牺牲开发为代价。随着人们对 DevOps 的重视，这种情况正在慢慢改变。

### 9.2.2　执行风险的管理方法

CREATE 项目采用以下方法来管理执行风险：

1）灵活性和纪律性。

2）以实践为基础，而不是以过程为基础的一致性。

3）产品测试与产品开发同样重要。

4）采用确保相关性的产品发布节奏。

5）关注可用性，而不仅仅是工作软件。

### 1. 灵活性和纪律性（有纪律的敏捷）

在过去近30年里，软件界已经接受了敏捷软件开发工作流程管理方法，如Scrum（Schwaber 2004）和Kanban（Kanban 2020）。敏捷方法具有处理重要风险所需的灵活性：不断变化和不确定的产品需求以及不断变化的优先级，对于长期存在的软件应用以及依赖于技术的代码的不确定的开发方法来说是不可避免的。

敏捷的工作流程管理鼓励和促进了产品更新，并能快速交付给客户。然而，像Scrum这样的敏捷方法专注于软件建设和交付，并没有延伸到操作领域。

### 2. 以实践为基础，而不是以过程为基础的一致性

在CREATE项目中，不同组织（如陆军、海军和空军）的分布式开发环境中的软件开发团队，通常难以遵循一组都适用的通用流程。更好的方法是采用一套共享的可在本地实现的流程实践。这还有助于实现轻量级管理方法。下一节将介绍CREATE项目的一些共享软件开发实践，这些实践已被各类组织采用。

### 3. 产品测试与产品开发同样重要

CREATE项目正在建立一个项目范围内的质量保证功能，称为质量保证（QA），通过它可对开发人员所做的测试（例如，单元、集成和回归测试）进行跟踪，并从客户的角度开发独立的测试。测试必须按照最高标准进行，如美国国家研究委员会（NRC 2012）和相关专业协会（如AIAA和IEEE）所提倡的标准。

在CREATE项目中吸取的一个重要教训，现在在美国国防部内部也得到了认可（DSB 2018），那就是测试必须尽可能地自动化。

### 4. 采用确保相关性的产品发布节奏

快速的产品部署非常重要，这不仅仅是硬件的问题，正如本书所强调的那样，复杂的多物理场软件部署往往需要数年才能达到成熟状态。在某种程度上，敏捷软件运动是对这种思想的一种反应。

CREATE系列的产品正在从每个财政年度发布一个可靠的、功能丰富的版本

（这也曾是商业工程软件的标准做法）迁移到每季度发布一个新的功能。这在启动阶段是不可能的，但随着 CREATE 产品的成熟，更快速的交付成为可能。

**5. 关注可用性，而不仅仅是工作软件（DevOps）**

诸如 Scrum 这样的敏捷方法关注的是频繁地交付在工作软件中获取的价值。Scrum 并没有解决产品支持问题，而是一直延伸到与客户工作流程的整合。几十年前，IBM 引入了 DAD 方法（Ambler 2012）。DAD 承认确保软件产品能够被客户接受（消费）的重要性。这个概念是安全 DevOps 的核心。下一节将介绍一些促进 DevOps 的 CREATE 项目实践。DevOps 概念通常被表示为一个连续的循环，如图 9.1 所示。

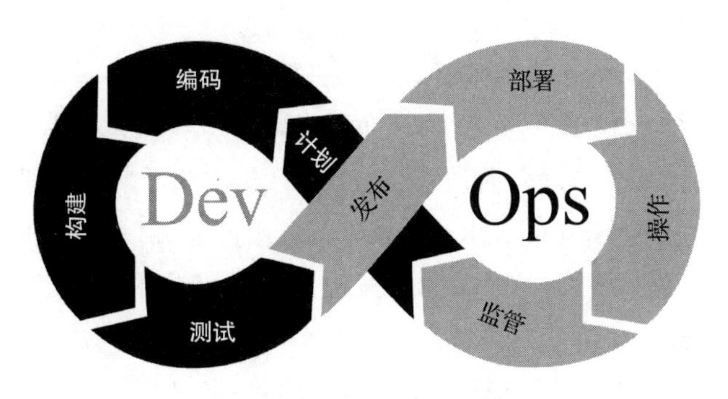


图 9.1　典型的 DevOps 循环
（由软件工程研究所提供）

在 CREATE 项目中，Ops 部分是 QA 团队处理，该团队是产品开发和用户社区之间的接口。QA 团队的任务：①从用户的角度测试软件；②部署软件并支持操作；③提供用户支持；④提供培训。

## 9.3　降低执行风险的项目实践

**1. 需求管理风险**

对软件需求的不一致看法不仅是程序性风险的来源，也构成了一种操作风险。从操作的角度来看，不统一和不明确的需求常常导致返工、资源浪费、预算不足等。

第 8 章已描述了有助于降低需求风险的两个实践。

**实践：部署原型，以巩固难以明确的或可能模糊的需求。**

在 CREATE 项目中，用例最初是获取软件需求的关键。然而，将用例或任何其他基于客户的使用的或所需功能的描述转化为可操作的软件规范并不总是那么简单。软件原型弥合了这一差距，它允许试行用例或能力的演示，从而确保从客户接触到的原型的功能中所获得的经验被纳入最终的发布中。软件原型不是发布，它们是演示，因为它们没有经过与发布相同水平的测试，所以不适合作为试点。然而，它们可以加速软件产品功能的可用实现的进展。原型是一个用软件而不是文本反复捕获需求的例子。

### 2. 工作流程管理风险

解决执行灵活性与产品交付纪律这两个可能相互冲突的目标的方法就是 DevOps 软件开发实践。

**实践 1：采用 DevOps 实践来管理代码开发工作流程。**

DevOps 是敏捷软件开发方法的延伸，不仅包括建设阶段（DevOps 模型的 Dev 阶段），还包括部署和运营阶段（Ops 阶段）。按照“实践而非过程”的理念，敏捷工作流程管理选择 Scrum 或 Kanban 等方法由产品开发团队决定，决策时应该同时权衡价值和风险，例如，正式的 Scrum 强调对客户的价值，而不是对可消费性的风险（Schwaber 2004）。

**实践 2：努力实现软件开发基础设施的自动化。**

第 8 章提到，自动化的软件开发基础设施是降低进度风险的一种方式。在运营方面，它也很重要。这个基础设施是生态系统的一部分，对于开发软件应用程序和提供客户访问的操作来说是必不可少的。图 9.2 说明了 CREATE 项目和类似软件工厂运营的基础设施的跨度。

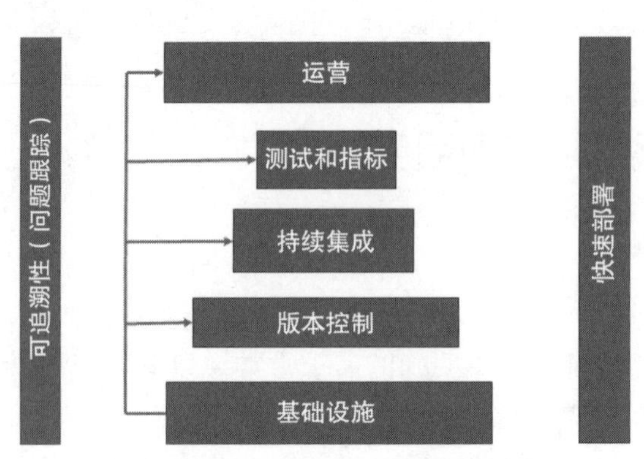


图 9.2　美国 DevOps 基础设施的跨度

（由 CMU 软件工程研究所提供）（DSB 2018）

CREATE 项目的软件开发团队选择了 CREATE 项目认可的基础设施工具，如 Subversion、Git、Jenkins、Redmine、Cmake、Microsoft Aurora 和 JIRA 来管理程序库、软件应用程序构建、测试自动化和问题跟踪。用 Confluence、Redmine、SharePoint 和类似工具维护项目工件的档案。JIRA Agile 被用来管理产品日志。这些产品的使用已经尽可能地自动化，以提供从编码到运营的无缝过渡。DevOps 的工具链如图 9.3 所示。

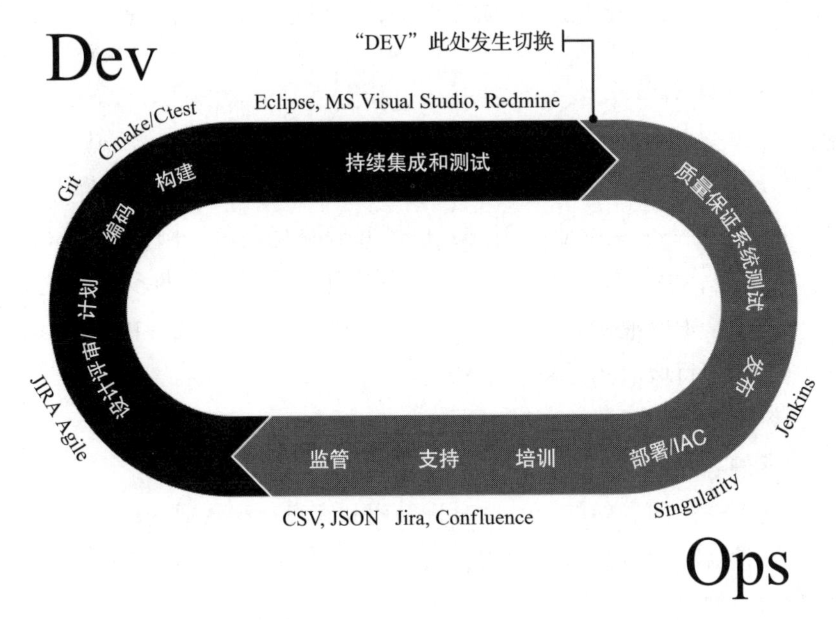


图 9.3　CREATE 项目的 DevOps 工具链
（由美国国防部 HPCMP 提供）

持续集成和测试步骤完成后，CREATE Dev 团队将转换到 CREATE Ops 团队。

### 3. 团队沟通风险

**实践：最大限度地利用安全通信技术，促进在异质安全环境中的共享。**

CREATE 项目是作为一个三军项目成立的。它必须能够跨越美国国防部的服务边界与它的软件工厂伙伴进行互动，还必须保护知识产权。每个军种（例如，美国海军）都有自己的安全飞地，甚至在其组成部分之间也有所不同（例如，NAVAIR 与 NAVSEA）。这种可变性影响了开发活动本身，因为它分布在多个地点和军事部门。此外，密切沟通是敏捷开发方法的内在期望，但当赞助商、客户和开发人员广泛分布在多个不相关的组织中时，这可能很难实现。此外，由于网络安全的原因，美国国防部的许多地方不允许举行共享文件的视频会议，而这是协作开发环境的一个重要组成部分。

CREATE 门户允许开发人员和经过认证的用户通过加密链接使用双因素身份验证获得对 CREATE 软件和高性能计算的安全访问，而无须安装任何软件。CREATE 社区 Web 服务器提供了对开发人员门户的安全访问，包括开发存储库、问题跟踪、测试、文档、对持续集成的支持、用户论坛和运行时资源。

#### 4. 产品发布节奏风险

**实践：每年至少交付一个可信的产品版本。**

这个做法是战略性的，也是战术性的。每年至少交付一个可靠的版本被认为是 CREATE 项目的一个关键成功因素，也可降低执行风险。例如，在早期的 DOE ASCI 软件项目中，由于缺乏频繁的发布，使得用户需求和软件交付物之间出现了分歧。这导致了精力的浪费和返工，以及软件开发项目的中断（Post 2004）。它也有战略影响，如项目取消的风险。

在执行风险方面，频繁发布有以下好处：

- 为早期的客户测试和输入提供“硬化”的代码。
- 提供每年一次的进展展示，这对赞助商和客户都很重要。
- 允许开发者在增量能力上达成共识。
- 缓解需求蠕变。

通过发布来解决基于科学的代码开发工作的主要缺陷之一：在软件发布时缺乏相关性。在制定需求和展示解决方案之间的长时间延迟，几乎总是导致两者之间的矛盾。

敏捷的工作流程管理方法（如 Scrum）提倡频繁发布——当然是每年发布一次以上。这些都是 CREATE 项目所鼓励的。另一方面，随着 CREATE 代码变得越来越复杂，彻底的测试通常限制了在一个特定的财政年度内可能的一般发布的数量。系统测试涉及使用昂贵的超级计算机的时间安排问题。还有一个问题是对代码的某些用途进行认证，特别是那些影响人类安全的用途，如确定安全操作包络线。重新认证是很耗时的。最后，客户往往抵制采用没有他们需要的新功能的频繁发布。

FLASH 代码有两种类型的发布，与 CREATE 项目类似。一种是内部发布，将代码的稳定版本标记给内部用户和开发人员，以便同步。在 CREATE 项目中，内部发布发生在每个冲刺之后，被称为候选发布。它们的目的是支持 QA 团队的独立测试。一个候选版本会从开发部门迁移到运营部门。另一种发布是一般的、外部的发布，每年只发生 3 ～ 4 次。它是由运营部门进行的。一般的发布通常包括修剪代码，检查文档，以及进行更彻底的以用例为重点的测试。

### 5. 产品测试风险

产品设计代码的技术可信度是其最重要的属性。充分的验证和确认测试对于建立对它们所要模拟的系统的性能预测的信任是至关重要的。这是一个非常重要的话题，在下一章中会详细讨论。在这里，我们重点讨论 CREATE 项目所采用的方法。

**实践：使产品测试与最佳实践保持一致，如美国国家研究委员会（NRC）对科学软件的建议。**

在 CREATE 项目的 DevOps 的实施中，测试在 Dev 和 Ops 之间共享。Dev 负责验证测试；Ops 代表客户，负责确认测试。（客户也参与确认和验收测试。）在 CREATE 项目中，Ops 是 QA 团队的责任，它独立于开发活动。图 9.4 描述了 CREATE 产品的测试级别。

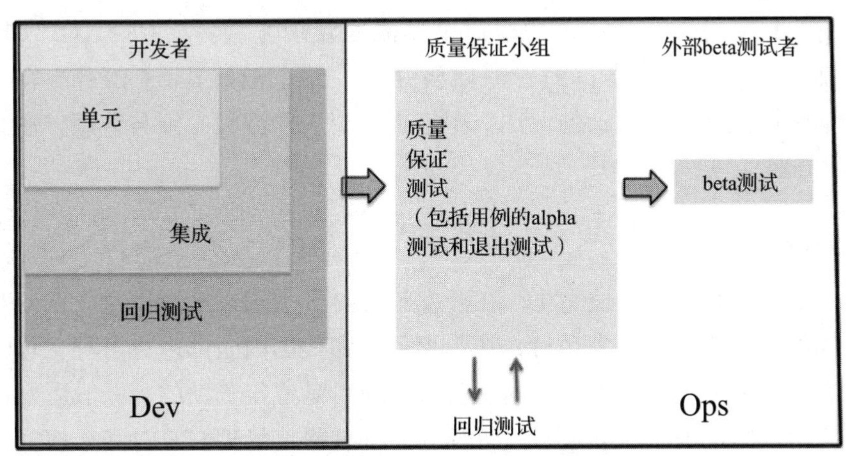


图 9.4　CREATE 产品的测试级别
（由美国国防部 HPCMP 提供）

### 6. 产品支持风险

**实践 1：在产品支持模式中最大限度地自给自足。**

解决新产品功能需求与现有客户支持之间内在冲突的关键在于提升客户在支

持模式中的作用。这方面最成功的例子之一是在客户组织内培养本地专家用户。以基于网络的用户论坛形式出现的技术至少也有帮助，因为它可以方便地访问其他用户，包括专家。CREATE 项目的目标是使典型用户（尤其是一组用户）尽可能自给自足。基于网络的用户论坛、用户文档、在线教程和测试数据集有助于实现这一目标。在线教程和用户论坛提供了一种可扩展的方式来支持不断增长的客户群。

**实践 2：记录软件的使用，并使用 doxygen 等工具记录代码。**

用户和程序员的文档对于复杂工程工具的使用是至关重要的。复杂工程工具的代码并不是那种可以期待的直观的代码。同样，程序员的文档可以让所有开发人员对代码有更广泛的理解。文档对于将新员工融入开发团队至关重要。在商业代码中经常缺少描述所有用户都可以使用的产品配方和方法的技术文档。

CREATE 项目不仅向经理和开发人员分发其产品开发方法与实践，而且更广泛地向其赞助商和客户分发。它们被收集在一份名为 *CREATE Operational Practices Guide* 的文件中。该指南的第一个版本是在十年前出版的。

## 9.4 敏捷工作流程管理

CREATE 项目采用了规范的敏捷工作流程管理方法。在 CREATE 项目启动时，敏捷方法与美国国防部的普遍期望并不一致。正如 Barry Boehm 在“使用风险来平衡敏捷和计划驱动的方法”中指出的，工作流程必须与管理方法相匹配（Boehm 2003）。

### 1. 环境文化

每个组织都有一个环境文化，在开发软件时必须加以考虑。对于像 CREATE 项目这样的分布式软件开发项目，在军事部门和美国国防部内有多种文化，每种文化都有自己的期望。例如，美国国防部的项目是逐年资助的，一般需要每年交付。在美国国防部的采购领域，项目预计将部署挣值管理，只对基于软件的项目提供少量补贴，而不对基于硬件的项目（最初设想使用挣值管理的项目）提供补贴。不能因为某些忽视文化的工作流程管理方法是首选，就忽略了文化。文化阻力是采用敏捷开发技术失败的最主要原因（SAFe 2018）。CREATE 项目通过修改带有里程碑的 Scrum 教科书版本，使其符合赞助商的报告和预算规划期望，从而达到任务目标。也就是说，CREATE 项目在实施敏捷的过程中必须要有敏捷性。

建立一个持续交付新产品能力和改善性能的记录，有助于 CREATE 项目向其赞助商证明采用的基于 Scrum 的方法是合理的。

**2. 需求的动态性**

> “软件开发者为客户所做的最重要的工作是对产品需求的迭代提取和细化。因为事实是，客户不知道他们想要什么……而且他们几乎从来没有想过必须详细说明问题。”

关键的洞察力体现在迭代上，这需要执行的灵活性。

虚拟原型软件项目在需求从容易理解的、用户定义的用例转移到软件的技术规范时，会出现难以表述的需求和“翻译中丢失”的现象。CREATE 项目强调的从数字模型中的原型设计和需求来捕获的敏捷方法可以解决这个问题。

**3. 开发团队的经验**

小型的、经验丰富的、技术水平高的开发团队，如 CREATE 项目中的团队，不需要被流程约束的工作流程开发方法强化，在敏捷工作流程管理方法下，团队会茁壮成长。

**4. 关键任务**

关键任务对软件开发提出了特殊要求。它倾向于采用谨慎的、受过程约束的、有里程碑和计划的软件开发方法。另一方面，如果速度、灵活性或适应性很重要，就像在 CREATE 项目中一样，那么敏捷软件开发方法是最适合的。

对于支持虚拟原型、数字孪生和数字线程范式的数字工程应用，敏捷方法现在被认为是最合适的，甚至被政府赞助商接受。

## 9.5　工作流程管理文档和产品文档

管理产品开发周期执行阶段的关键共享文档是第 8 章所述的最终设计评审（FDR）文档。FDR 记录了可交付的产品，包括功能和属性，以及年度开发周期的时间表。记录的重点是有针对性的活动，如发布、设计评审、回顾、培训课程和演示等。在操作层面上，大多数 CREATE 项目开发团队在 JIRA Agile 中保存他们的工作文档——日志和下线列表，并在团队从冲刺到冲刺的过程中更新它们。

如前所述，能够创建数字产品代理或基于多物理场的模拟的软件，不是那种没有文档就可以使用的软件。

每个产品的发布都要开发（或更新）以下 CREATE 代码文档。

1）**产品技术描述**（Product Technical Description，PTD）。PTD 描述了将在产品中实施的方法的技术基础和假设。它包括物理模型及其假设和限制、方程、对物理数据的要求、离散方案、网格类型、求解方法和算法、物理耦合要求、精度要求，以及相关验证测试结果的概述，包括对精度和不确定性的估计。

2）**产品开发者指南**（Product Developer's Guide，PDG）。PDG 包含了开发者为应用程序的开发做出贡献所需的所有信息，以及维护者为维持产品所需的信息。

3）**产品用户指南**（Product User's Guide，PUG）。PUG 包含了用户在设置问题、运行问题和分析结果时需要的所有信息。在线教程和培训是对该文案的补充。

4）**产品源码 / 目标代码**（Product Source/Object Code，PSOC）。PSOC 包含软件应用程序的原始源代码和目标代码。它被保存在一个自动配置管理系统中，通常是 Git，并有 Doyxygen 源代码注释。

5）**产品测试计划**（Product Test Plan，PTP）。PTP 描述了当前发布的软件应用程序在发布到用户社区之前必须通过的所有验证和确认测试。它不仅包括测试，还包括输入数据、测试结果及其分析。测试计划也有助于让用户熟悉新的功能。

6）**产品测试报告**（Product Test Report，PTR）。PTR 记录了当前版本的测试结果。

软件文档包括了软件产品的用途、技术内容、架构、用户界面和输入，以及验证和确认的方法和过程。这些文档促进了开发团队之间关于代码的各种技术和架构方法的讨论和协议。文档的准备极大地帮助开发团队成员对软件的所有主要方面建立了共同的理解。向所有团队成员、用户和利益相关者提供文档是至关重要的。

看起来，为每个版本编写 6 个文档是不必要的负担，但这个过程并不像一开始看起来那么糟糕。每个版本都是对之前版本的增量改进，所以更新每份文档也是一个增量过程。这并不要求从头开始起草 6 个新的文档，它涉及审查先前版本的文档并在适当的地方进行更新。开发新的文档部分迫使开发团队检查与之前版本的兼容性问题，并审查所有的新代码。这也确保了利益相关者，特别是用户社区，能够获得关于新版本的所有重要信息。最后，文档提供了开发团队的新成员所需的软件信息，使他们能够尽快成为富有成效的团队成员。如果开发团队的成员平均只在团队中工作 4 年，则人员流动率为 25%。鉴于对软件开发人员的激烈竞争，招聘和留住他们是非常具有挑战性的；因此，尽量减少人员流失的影响是一个优先事项。

这些文档存储在配置控制的文档存储库（目前称为 Confluence）中，可供所有认证用户使用。主要开发人员（软件开发团队负责人）负责监督文档的编制和最终批准。

文档在年度开发周期内及时更新，以满足开发团队和用户的需求。年度更新还允许开发者解决前一年最持久的用户问题。文档准备、完成和分发时间表见表 9.1。

**表 9.1 文档准备、完成和分发时间表**

| 文档名称 | 草稿文档的截止日期 | 最终文档的截止日期 |
| --- | --- | --- |
| 产品技术说明 | 初始设计评审后 15 天 | 最终设计评审后 15 天 |
| 产品开发者指南 | 初始设计评审后 15 天 | 向 QA 发布测试版 |
| 产品用户指南 | alpha 发布 | 向 QA 发布测试版 |
| 产品源代码和目标代码 | 每次代码冻结 | 产品发布 |
| 产品测试计划 | 初始设计评审后 15 天 | 最终设计评审后 15 天 |
| 产品测试报告 | — | 测试结束后 15 天 |
| 年度项目基线 | 按照 HPCMP CREAT 项目办公室的指示 | 按照 HPCMP CREAT 项目办公室的指示 |
| 长期产品路线图 | 按照 HPCMP CREAT 项目办公室的指示 | 按照 HPCMP CREAT 项目办公室的指示 |

### FLASH 中的文档

成功的基于物理学的仿真代码（如 FLASH）也在文档方面进行了大量投资。FLASH 有用户和开发者指南、解释 I/O 和功能的 robodoc API 头文件，以及内联和在线文件。用户指南记录了数学公式、算法、使用代码组件的说明以及各种应用的例子。开发者指南描述了设计方法、编码标准以及模块结构的大量实例。

## 9.6 总结

- 当产品成功“构建”时，软件开发不会结束；软件必须是“可消费的”，也就是说，在积极的用户支持和足够的文档支持下可用。
- 试点和原型可以帮助捕获演示中难以描述或模棱两可的需求，而不是文本。
- 自动化开发基础设施可以显著提高软件开发人员的工作效率。
- 模块化产品体系结构，带有专门组件库（如网格操作和线性求解器），提供了在没有软件开发人员干预的情况下跟踪硬件发展的最佳机会。
- 基于 Web 的技术（如门户、在线教程和用户论坛）提供了一种支持使用这些工具的可扩展方式。

第10章
Chapter 10

# 验证和确认基于科学的软件

本章内容基于在CREATE项目和基于物理学的代码中成功应用的测试实践，重点介绍如何通过自动化持续集成和测试加速开发并减少故障。这些实践来源于美国国家科学院（NAS）2012年关于验证、确认和不确定性量化的研究（NRC 2012）。

## 10.1 引言

基于物理学的软件的测试实践［软件工程社区中的验证与确认（V&V）］非常重要。前文引用了美国国防创新委员会报告建议将速度和周期时间作为管理软件的最重要指标，本章再次强调软件准确性和无错误操作的重要性，尤其是对于虚拟原型软件工具。

未检测到的以下软件故障（bug）不止一次地导致了严重错误：

- 火星气候轨道器（单位转换错误）
- 阿丽亚娜5号首次测试发射（数据溢出）
- 水手1号航天器（计算机指令中缺少连字符）
- 奔腾FDIV错误（浮点除法运算错误）

以上每一个软件故障都造成了至少1亿美元的损失，而阿丽亚娜故障至少造成80亿美元的损失。因此，从一开始就认识到可靠的验证与确认方法是至关重要的。测试不能是事后诸葛亮，它必须是一个系统的、有计划的活动，与产品开发一样谨慎地执行。对于虚拟原型软件项目来说，这一点尤其重要，在确定项目负责人和软件开发团队负责人时，软件验证和确认方面的成功经验是重要考量。

2012年，美国国家科学院发布了《评估复杂模型的可靠性：验证、确认和不确定性量化的数学和统计学基础》（NRC 2012）。这份报告定义了 V&V 的方法与实践。将当时 CREATE 项目的 V&V 实践与 NAS 上述报告的实践进行比较，发现 CREATE 项目的测试实践虽然已经与 NAS 报告中的建议紧密结合，但 CREATE 项目的实践更注重验证和确认方法的实际执行。此后，CREATE 项目实践中加入了 NAS 报告的研究语言和术语描述。CREATE 项目还评估了 AIAA 和 IEEE 的 V&V 建议，以进一步改进 CREATE V&V 实践。这一方法首次在《科学与工程中的计算》(Kendall 2017）中进行了详细描述。

## 10.2 CREATE 项目中的测试

美国国家科学院的报告建议，软件测试应遵循测试计划，从软件开发的最低层次（软件“单元”）开始，将测试分阶段推进到多个单元的集成测试和整个产品的系统测试。对于基于 C++ 的 CREATE 代码，该单元通常是类中的一个方法，或一个应用程序接口（API)。采用分层测试（如回归测试)，以确保新代码不会破坏产品的构建或改变不可侵犯的结果。回归测试确保操作环境（操作系统、编译器、库等）的变化不会破坏代码。对于高性能应用程序，还要进行分层测试。除了分层测试外，CREATE 项目还受到美国国防科学委员会报告（DSB 2018）中以下内容的影响：

1）各级测试应尽可能自动化。

2）alpha、beta 和以用户为中心的测试应该由开发团队之外的团队进行。

3）测试计划对于系统级测试尤其重要，通常需要与产品客户进行协调。

4）测试应该支持持续集成，也就是说，在每次产品构建之后（如果不是每次提交的话）进行测试。

5）测试应包括产品构建中的或运行时链接的所有第三方应用程序。

在 CREATE 项目中，面向单元、集成、回归、性能和功能的系统确认测试由开发团队执行。alpha、beta 和面向用户的系统验证测试由独立的质量保证（QA）团队执行。

## 10.3 自动化测试

CREATE 项目的测试是高度自动化的，与美国国防科学委员会报告的建议一致。最极端的例子是，每个提交到分布式版本控制［如 Git（git-scm.com）］的产品都会自动产生一系列的测试，包括回归测试，以确保新的代码不会破坏正在开发的新版本，也不会违反操作环境的规定。图 10.1 说明了这个实现过程。当开发人员向 Git 提交源代码更改时，Jenkins 插件会检测到更改，在支持的平台上构建代码，并进行测试（从小单元测试到端到端集成测试和回归测试）。测试结果摘要通过基于 Web 的仪表板发送给开发人员，仪表板显示了跨测试平台的结果。Jenkins 插件还启动了一个 GNU 应用程序（GNU 2020），以收集端到端测试的代码覆盖率结果。正如第 9 章所强调的，持续集成和测试对于降低新功能引入直到开发周期后期才发现的故障的风险至关重要。其他 CREATE 项目开发团队也独立开发了类似的方法，包括基于 Gitlab Runner 的方法。这些方法可以识别超级计算机规模测试所特有的大量计算测试结果中的异常情况。在 CREATE 项目开始时，自动执行代码组装、集成和测试过程的商业工具并不可用，但现在已被广泛使用。

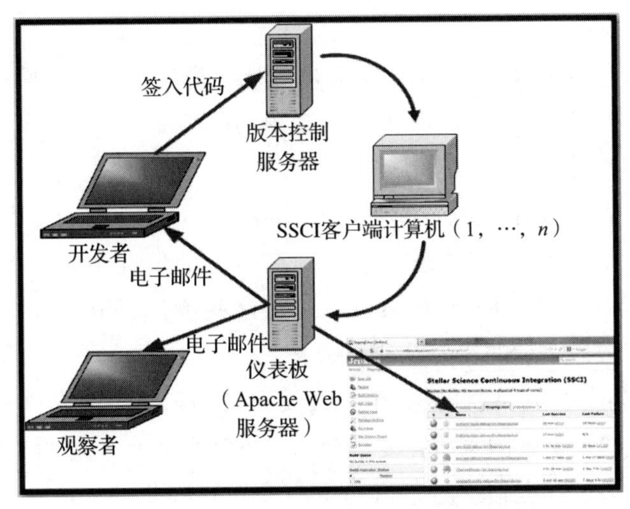


图 10.1 每次代码提交后的自动测试

（由美国国防部 HPCMP 提供）

## 10.4 CREATE 项目测试方法与实践

正如前面所强调的，CREATE 的测试方法与美国国家科学院（NAS）对科学规范的建议非常一致。测试是 CREATE 项目的一个关键成功因素。产品的可靠性和准确性在 CREATE 代码的理想属性列表中处于首位（Kendall 2017）。

**NAS 对测试的重要观察**

验证和确认并不提供“是”或“不是”的答案，而是提供对差异的定量评估。

- 验证和确认都只在感兴趣的量（Quantity Of Interest，QOI）和模型预期用途所需的精确度方面有明确的定义。
- 确认评估只在物理观测覆盖的领域内提供关于模型精确度的直接信息。

广义上讲，测试的目的是评估软件的可用性。“所有基于物理学的模型都是近似值”，这是更准确但不那么夸张的说法。模型的可用性与精确度成正比。在进行昂贵的测试之前，确认这些模型的适用性和血统是很重要的。

### 10.4.1 验证方法与实践

测试从验证开始。

**验证**：确认计算机程序（代码）是否准确地求解了代码的数学模型的方程。这包括代码验证（确定代码是否正确地实现了预期的算法）和解决方案验证［确定对于指定的 QOI 算法求解数学模型方程的准确度）。

验证测试是在最基本的软件单元之前（或与之一起）设计的。测试从单元测试，到集成测试，再到完整的系统测试，在可能的情况下，所有的测试用例都要尽可能早地确定。在 CREATE 项目内部，这些测试是开发团队的责任。一些 CREATE 产品有数以万计的单元验证测试。

在 CREATE 项目中，验证是一个由开发人员和独立测试人员执行的过程。指导验证测试实践的是美国国家研究委员会的以下三个核心方法（NRC2012）：

- 解决方案验证仅在指定的 QOI 方面有良好的定义。
- 代码和解决方案验证的效率和有效性通过利用代码和数学模型的分层组成来提高，首先在最低级别的构件上进行验证，然后在连续的更复杂级别的构件上进行。
- 解决方案验证的目标是估计并控制每个 QOI 的模型实施中的错误来源。

本节的其余部分重点介绍支持这些方法和美国国家科学院其他建议的 CREATE 项目实践。

**实践 1：记录代码的预期用途**

在验证开始之前，必须确定和记录代码的预期适用范围，确定代码用于专门设计的用途（以及要被测试的用途）。代码不能对不可预期的用途和未知的应用进行测试。

同样地，对代码用途重要的 QOI 必须被识别并记录在软件的文档中。为支持目标用途而采用的全部输入应该被识别和记录下来。代码所使用的物理模型通常存在局限性；在许多情况下，它们已经在文献中被描述。例如，大量文献描述了 Reynolds-Averaged Navier-Stokes（RANS）方程对许多流体流动应用的限制（Gorski 2012）。

至少，只要能从输入中发现基础模型的适用性限制，用户就应该收到通知。

重要的是要记住，随着测试的进展和新的限制被发现，要更新对适用领域的描述。

**实践 2：在确认之前验证代码**

在 CREATE 项目中，计算模型中对具有预测能力的组件的所有验证测试都要在确认这些组件之前完成。这似乎很直观，但美国国家研究委员会还是强调了这一点。如果一个计算模型不能准确地捕捉它所代表的物理数学模型的行为，那么试图评估它的可用性是毫无意义的。带有 bug 的代码和实验数据之间的任何一致都可能是偶然的和误导的。

**实践 3：尽可能多地验证代码，并记录其覆盖范围**

并不是 CREATE 所有项目的资源都可以用于测试，应该在最大程度上对代码进行验证，完整地描述所进行的验证测试、预期结果和实际结果。验证测试的覆盖范围也应该以某种方式（例如，功能、语句或逻辑）来衡量和跟踪。验证应该解决代码的功能属性（特征或能力）和质量属性（可用性、性能和准确性），而不仅仅是它的数学正确性（例如，通过收敛率测试或与已知精确解的比较来衡量）。第三方组件（包括库）也应该被测试，以确保它们准确地执行任务。此外，在没有测试确认其成功安装的情况下，第三方组件不应该被接受。还应该测试 GUI，以确保不会改变调用代码的结果。

**实践 4：进行分层测试，并记录结果**

1）**单元测试**。测试要在代码之前开发或与代码本身一起开发，从单元级别开始。对于 CREATE 项目，一个单元通常是 C++ 类中的一个方法（函数）、一个可以自行测试的子程序，或者一个 API。而对于 FLASH 项目来说，一个单元是基于特征的；只要特征是隔离的，测试就可以依靠代码的其他部分（Carver 2017）。FLASH 项目中的求解器是用 Fortran 90 编写的，物理学和网格是不可分割的。

测试应包括异常处理、准确性、可扩展性、文档和可用性度量（如适用）。测试目标应符合相关专业标准机构［例如，联邦航空管理局（FAA 2017）］或行业专业协会［如电子和电气工程师协会（IEEE 1987）］的指导。从单元测试开始，应衡量并不断改进各级测试的覆盖范围，测试应集中在目标用途和 QOI 上。

2）**系统测试**。除了单元测试外，还必须测试集成代码，希望使用用户提供的测试数据，以进行完整的系统测试。功能测试应该尽可能具有包容性，这样，当提供给用户时，很容易识别出接近预期用途的例子。还要维护测试，测试随着代码的发展而发展。

3）**回归测试**。自动回归测试是每个 CREATE 产品都已经实现的目标。通常，回归测试库由前面描述的测试或其子集组成。重要的是，要确保回归测试套件的覆盖范围足够广泛，以捕获代码的主要目标用途。

### 实践 5：持续集成

持续集成是一个推荐的最佳实践，它包括每天进行自动编译、单元和回归测试，并提交自动报告和测试通知。测试的自动化作为持续集成的一个组成部分，越早使用越好。

FLASH 项目每天进行代码测试以验证其正确性。FLASH 遵循一个版本的分层测试过程：

- 生产运行中问题设置（用例）
- 对输入扰动敏感的问题设置
- 解决剩余差距的最简单和最快的设置

绝不应该向用户提供执行失败或得到不正确结果的软件测试或输入样本。需要提供测试套件，以确认软件安装正确。

### 实践 6：使用该软件的计算机编译器和操作系统来组装代码

第 2 章讨论的使用容器来促进在受支持的硬件上无故障安装软件是一个最佳实践。这样做可以避免在发布时出现意外和尴尬的情况，还有助于确保代码遵守语言标准，减少对非标准编译器功能和错误的依赖。使用虚拟机进行这些测试可以简化访问。

**实践 7：在可行的情况下使用尽可能多的验证测试类型**

1）**将预期的和设计完成的行为与实际行为进行比较**。CREATE 代码被设计为以规定的方式执行。如果不能做到这一点，说明在执行中没有遵循设计原则。有时，这是由于操作环境的变化、硬件错误、第三方库或原始代码的缺陷造成的。

2）**比较代码结果和问题的解析解**。没有什么比确认算法结果与精确的解析解一致更令人放心了。

3）**确定网格细化（时间和空间）的截断误差的收敛率与预期一致**。这是对具有已知精度等级的算法的一个重要检查。

4）**采用人为设计解决方案的方法（将代码结果与专门为测试它而人为设计问题的结果进行比较）**。随着强大的符号操纵器的出现，使用人为设计解决方案的方法对于可微分函数来说变得更加可行。

5）**进行变形测试（例如，跟踪守恒量和参数、对称性的保持，以及其他预期的解决方案的属性）**。即使不知道一个问题的确切解决方案，也可以从它具有的属性（如质量或动量守恒）来得出推论。

6）**基准测试（将结果与解决过类似问题的可信的现有代码进行比较）**。基准测试现在越来越普遍。然而，代码的比较并不是万无一失的。代码 A 虽与代码 B 一致，但它们都可能是错误的。基准测试与其说是对正确性的确认，不如说是对正确性的指示，但它常常提供一种迹象，表明可能存在无法直接测量的参数的问题。揭示为什么两段不同的代码对它们都能解决的问题给出不同的结果有时是很困难的。

7）**测试软件的完整性**。它包括测试内存泄漏、数组边界检查、输入检查，以及对未初始化的变量、异常处理、类型安全、线程安全、死代码和尺寸单位转换等测试。

软件的完整性属性需要被内置，改造不健壮的代码通常是徒劳的。对于并行执行环境，测试软件的完整性包括测试竞赛条件、死锁、核数变化时的一致性，以及其他重复性的差异。完整性测试还应该包括所有包含在产品构建中的第三方代码。关于开源软件，因为它已被广泛使用，人们很容易认为它已经被彻底测试过了，但这可能是错误的。测试开源软件的特定用途并不能因为有一个庞大的用户群体而得到保证。

这些技术应该与分析工具一起使用，这些工具显示代码的覆盖率和代码对参数的敏感性，并显示代码预测了正确的物理趋势和随着输入参数变化的预期行为。

**实践 8：制订和实施一个验证测试计划**

制订和实施一个验证测试计划一直是 CREATE 项目战略的核心，以验证产品能力与需求的可追溯性。这个计划是要建立各级测试的可接受结果的阈值，以及记录开发者和用户如何重复测试（例如，测试输入数据的位置和测试的正确或预期结果）。第三方代码的正确性，特别是开源代码的正确性，常常被错误地认为是理所当然的。

## 10.4.2　确认方法与实践

> **确认**：从计算机模型预期用途的角度，确定其在多大程度上是对现实世界的准确表述的过程。

在 CREATE 项目和一般的基于物理学的软件中，确认的目标是确定代码对物理行为进行了准确预测。

图 10.2 给出了基于物理学的模型确认示意图（Oberkampf 2010）。如果仿真模型预测了 $y_{sim}$，而实验测量产生了 $y_{exp}$，那么理想情况下，$y_{sim} = y_{exp}$。确认试图捕捉它们真正的差异性。

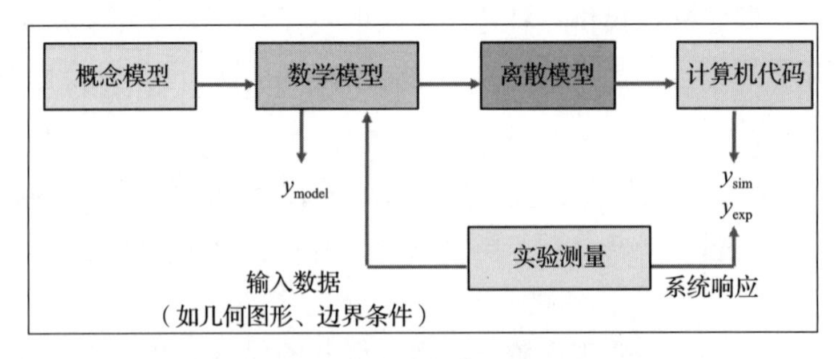


图 10.2　基于物理学的模型确认

［基于文献（Oberkampf 2010），第 381 页和第 384 页］

与验证相比，确认更依赖应用领域的主题专家。它必须将测试从以开发者为中心的活动转移到以用户 / 客户为中心的活动。在 CREATE 项目中，这项活动由一个单独的 QA 团队监督，该团队组织并执行与计划发布相衔接的确认测试计划。

正如验证一样，美国国家研究委员会发布了以下确认测试的方法（NRC2012）。

- 确认评估仅在指定的 QOI 和模型的预期用途所需的精度方面有明确的定义。
- 确认评估仅在评估中采用的物理观测涵盖的适用范围内提供有关模型精度的直接信息。
- 可利用计算和数学模型的分层组成来提高确认和预测评估的效率和效果。评估从最底层的构件开始，依次进入更复杂的层次。
- 确认和预测往往涉及指定或校准模型参数。
- 物理 QOI 预测的不确定性必须从许多来源引入的不确定性和错误中汇总，包括数学模型的差异、计算模型的数字和代码错误以及模型输入和参数的不确定性。
- 确认评估应考虑物理观测（测量数据）的不确定性和误差。

下面列出了实现这些方法的配套实践。

**实践 1：对代码的全部预期用途进行确认**

尽管一个代码不可能对其输入参数的所有可能组合进行确认，但其目标用途（用例）和 QOI 的领域和范围应该被记录下来。任何简化的假设和嵌入的经验模型也应该被记录下来。同样地，任何应用于用例的物理模型的已知限制也应该被记录下来。

**实践 2：开发用于确认的档案数据库**

与第 2 个 NRC 方法一致，确认总是需要实验数据。如果可能的话，目标用例的 QOI 应该包括在物理观察中，而不仅仅是从其他量的观察中推断出来。应优先选择包含实验不确定性分析或对输入参数的不确定性有充分了解的实验数据。

CREATE 项目不一定“拥有”它的测试数据。测试数据的访问通常由军方或国防承包商控制。因此，应该维护一个档案数据库，其中包含执行确认测试所需的元数据（包括位置、数据所有者和数据描述）。测试的预期或可接受结果也应存档。当测试人员是个人专家时，这一点尤为重要。

CREATE 项目采用了一种做法，即向用户提供尽可能多的 V&V 数据（包括结果和问题集数据）访问权限，以符合知识产权和数据敏感性限制。这有助于建立软件和培训辅助工具的可信度。它还支持用户自给自足的目标。

**实践 3：确认应该集中在与软件最重要用途相关的 QOI 的行为和准确性上**

确认是一项开放式的工作，但可用于确认的资源却不是。在 CREATE 项目中，确认的优先级是基于依赖软件使用的决策的价值的。确认应该考虑到确认数据的不确定性和错误（最后一个 NRC 方法），以及代码预测的建模错误。一个最佳实践是测量对确认测试至关重要的代码组件的代码覆盖率。

**实践 4：制订确认测试计划，与独立专家和用户一起审查，并执行这些计划**

如前所述，确认是一项以用户为中心的活动，终端用户和客户扮演着重要角色。必须鼓励终端用户对他们的用例自行进行确认测试。

一个好的确认工作不是开发工作的“事后诸葛亮”；它应该被视为一个项目本身，并且应该像开发软件功能一样被谨慎执行。对于 CREATE 项目来说，确认测试的目的是测试代码准确模拟特定物理效果的能力，或者在 GUI 的情况下，支持软件的特定用途的能力。该计划（事实上，确认测试本身）必须由能够判断其适当性和相关性的独立来源进行审查。

对于一些应用，特别是涉及人安全的应用，软件还必须通过展示质量属性来认证，例如，ISO 9001 或美国国防部应用安全与开发（STIG 2020）。当这是一个问题时，测试计划必须解决认证要求。

应该确定评估计算的准确性所需的实验数据的血统。最好是数据提供者可以提供数据的准确性的特征。然而，对代码可用性的评估往往涉及没有伴随测量误差评估的实验数据。这就使得专家的审查必不可少。实验数据也可能不如模拟结果准确。强行与不准确的实验数据达成一致是没有意义的。我们希望这种情况从未发生过。

**实践 5：正式评估 V&V 的状态和进展。作为代码发布周期的一部分，通过一个独立的过程不断收集和评估 V&V 的进展**

对进展的自我评估是任何运行良好的项目的一个特征。在 CREATE 项目中，这是一个嵌入代码发布周期中的独立过程（来自开发），由 QA 团队管理。

**实践 6：在评估模型的准确性时，重点是确定模型是否适合其预定用途**

Oberkampf 和 Roy 强调，对于工程而言，重点必须放在确定模型是否适合其预定用途上。对确定模型 / 实验分歧的来源给予的关注越多，对模拟结果的信心就越大。

Oberkampf 和 Roy 提出了“视图规范”比较：将模拟和实验测量的图片或图表的视图进行叠加，以判断匹配的可接受性（Oberkampf 2010）。这不是定量的确认。然而，需要的是质量上的一致。有时模仿一个复杂系统的行为已经足够了。没有实验数据的原因可能是不可能有实验，这时必须咨询主题专家，以决定模拟结果是否有意义。另一个极端是在实验和模拟之间进行定量比较，试图说明其中的不确定性。例如，这将涉及使用实验确定的输入参数的概率分布进行多次模拟，而不是单一的参数值。在这两个极端之间，还有一些中间状态的比较，例如，可以将确定性的模拟与带有误差条的实验数据进行比较。在理想情况下，选择哪种比较应该由预期用途决定。

**实践 7：当衡量标准被用来测量模拟和实验之间的差异时，它们应该局限于测量两者之间的不匹配**

测量一组测量值的统计平均值与模型预测值之间的差异就是一个衡量标准的例子。如果模拟结果位于实验结果周围的不确定性范围内，则认为模拟结果是充分的，这种情况并不罕见。这结合了实验结果的散点，以及模拟与实验之间的差异，给人以计算模型准确性的错误印象。

另一个潜在的棘手问题产生于这样一个事实，即模拟数据现在几乎总是三维的（或四维的，对于进化系统），但实验数据往往仅限于二维或三维的时间快照。

### 10.4.3 不确定性量化的实践

> **不确定性量化**：这是量化与真实的、物理的 QOI 的模型计算相关的不确定性的过程，其目标是说明所有的不确定性来源，并量化特定来源对整体不确定性的贡献。

美国国家科学院的报告强烈赞同不确定性分析对物理系统计算模型的重要性（NRC 2012）。这需要从清楚地了解 QOI 和它们如何用于决策开始。用现有的技术方法来帮助捕捉 CREATE 系统代码中的不确定性一直是困难的，且仍然是一个研究课题。

**实践1：对于每个QOI，计算工具应支持对输入值和计算技术敏感性的调查**

确定计算出的QOI对模型输入的敏感性是使用任何模型计算QOI以支持基于模型的决策的要求。物理和工程方程、参数化、输入常数、网格选择和几何图形结构都会影响QOI的行为。使用大型计算建模和仿真工具进行灵敏度分析的技术很多，包括降阶模型的自动生成。

**实践2：应定期评估工具预测QOI的能力，并提供验证和确认改进反馈**

对于所有质量保证，在验证、确认和不确定性量化之间建立闭环是很重要的。通常可以使用这些评估中的信息来提高验证和确认测试的有效性。至少，QOI对模型输入的敏感性有助于确定应寻求额外确认的领域。

## 10.5　应用CREATE项目测试的例子

CREATE项目中的飞行器项目提供了一个采用这些实践的例子。首先，CREATE QA团队在开发周期开始时，根据第8章中描述的最终设计评审的输入，更新其年度测试计划。

Kestrel代码，可用于创建固定翼飞行器的全数字模拟，最初开发了27个目标用例（实践1）。Kestrel每天晚上都要进行约4000个单元的测试，240个集成级的测试，以及20个系统级的测试。

Kestrel的自动测试系统在每次冲刺（大约每2周一次）后对Kestrel下一版本的所有目标功能执行系统测试。

Kestrel维护一个测试档案，记录良好的湍流测试案例。这些确保了Kestrel中的湍流算法得到了正确的实现。其中两个测试案例来自NASA的湍流建模网站（NASA 2020）。其他的测试案例是为了测试Kestrel用例所要求的特定流态和QOI。

对于这些测试案例，Kestrel的结果可以与实验数据、其他公认的计算流体动力学代码以及在一个案例中的分析解决方案进行比较（实践6）。其中一个测试案例表明，求解器在时间上是全局二阶正确的。

## 10.6　总结

测试是创建虚拟原型软件项目的重要组成部分。对 CREATE 项目，它被认为是一个关键的成功因素。

从 CREATE 项目的测试经验中得到的主要启示包括：

- 测试不能成为软件开发的事后想法，它需要计划和资源。
- 软件应该被设计成可测试的。
- 测试的开发应该在软件开发之前或同时进行，而不是在软件开发之后。
- 需求应该伴随着测试，以确认满意的实施。
- 测试必须在最大限度上实现自动化，并且应该被整合到持续开发过程中。
- 测试必须集中在软件的目标用途和最能影响使用决定的变量（QOI）上。
- 确认测试（必然涉及客户）应该由一个独立于产品开发团队的团队来进行。

第11章
Chapter 11

# 虚拟原型软件项目团队

## 11.1 引言

开发虚拟原型软件是“极客”工作的典型例子（Glen 2003），它被称为知识型工作（Drucker 1959）。知识型工作的主要资产是知识。对于复杂物理过程的虚拟原型和模拟工具的开发来说，这种专业知识属于领域科学、应用数学和高性能计算的交叉领域。这个交叉领域通常被称为计算科学。从事知识型工作的专业人员通常是工程师和科研人员，他们通常具有专业研究背景。虽然软件开发人员都会写代码，但他们一般不认为自己是程序员。在大多数情况下，他们也不是科学家。他们认为自己首先是工程师或科研人员，其次才是程序员（或更恰当地说，是软件开发人员），事实也是如此。他们中的大多数人都是从研究生院毕业或博士后毕业后进入 CREATE 或 FLASH 这样的项目。更高级的成员在计算科学和高性能计算方面有丰富的经验，有时他们还具有领导和管理经验。

虚拟原型软件开发需要什么样的人才呢？除了前面提到的需要具有科学或工程知识外，还需要有解决问题的能力，而这些能力通常在更常规的编程中是不需要的。对于像 CREATE 这样的项目，不可能以具体的方式描述如何开发代码，而这种描述是常规编程工作所需要的。为复杂产品的数字复制品开发软件需要发明或调整最先进的数学算法。CREATE 应用程序的开发者往往会让研究人员参与进来，以帮助解决意想不到的困难问题。此外，正如前几章所强调的，需求本身是在这些项目的漫长时间进程中逐步被发现的。开发这些产品的成功技术方法在开始时往往是不确定的，它甚至可能需要被发明出来。这一切都不像传统编程那样明确，需要站在计算科学前沿的人来做出有用的贡献。

CREATE 项目这种典型的知识型工作，主要集中在非程序性问题解决上，需要的是知识型人才，他们不会把所有时间都花在编码上，而是更多地搜索信息，制定问题的解决方案，进行实验，或者只是思考。在像开发虚拟原型软件这样的创造性工作中，失败是常见的，而在常规的编程中，失败是不能容忍的。

## 11.2　知识型工作者的特点

从事 CREATE 或 FLASH 项目开发的是知识型工作者，与传统工作者不同（Lamb 2011）。通常他们非常热爱他们的职业和技术，他们倾向于独立和不循规蹈矩，他们尊重像他们一样的人的智慧和解决问题的能力，他们坚信以业绩为基础的公平性是管理中的指导原则，他们期望在他们是专家的技术问题上有决策自主权。根据 Weinberg 的说法，他们与其他成功的程序员有着共同的个性特征，包括在他们是专家的问题上有自信，有谦逊感，甚至可能对失败有幽默感（Weinberg 1998）。他们被那些他们感兴趣的知识工作所吸引，他们认为这些工作很有趣，具有挑战性。和其他知识工作者一样，他们在合适的环境中往往会高度投入，并因渴望完成一些重要的事情而自我激励。工作场所的传统激励措施，如加薪和晋升，对他们来说并不那么有效。这些激励措施通常只有在他们认为自己的价值被低估时才会发挥作用。表扬和认可往往比金钱更有激励作用。

着重于“指导”下属工作的管理技术，是标准管理方法的一个特点，但对于知识型工作者不起作用。此外，CREATE 项目开发人员面临的问题可能还没有解决，甚至还没有完全确定，所以没有人能够“指导”他们找到解决方案。充其量，管理人员通常只能对他们提供概念上的指导和支持。CREATE 项目和类似的项目主要由技术专家领导，下属最终会比经理更了解软件。

在传统的管理框架中，经理和下属有明确的角色、权力划分，传统企业的管理者很少将决策权下放。这种方法对计算科学领域的软件开发人员不起作用，因为他们是知识型工作者，他们的真正价值在于他们对所开发的产品做出的重要技术贡献。此外，知识型工作者倾向于抵制专制的、控制性的管理。

领导力也是促进工作的一个重要组成部分。最有效的知识型工作者的管理者能够阐明工作的愿景，他们通常能够激励团队，而不仅仅是“管理”团队。他们通常被认为是最能把握全局的人，即使他们不是每个方面的专家。他们有技术背景，并因其技术洞察力而受到尊重。他们的赞美和建设性的批评受到重视。他们能识别人才，并对竞争性问题解决方法的潜在成功有高度发达的、经过经验打磨的直觉。

## 11.3　激励知识型工作者的因素

一项调查（Workfront 2017）表明，听音乐是生产力的一个重要驱动力（47%的受访者同意）——可能是因为它可以消除附近隔间里的噪声，但有趣、有创意、有影响的工作潜力才是主要动力。大多数知识型工作者认为，当工作环境融洽时，他们会自我激励。来自兴趣、好奇心、挑战或自我表达的所谓“内在动机”似乎与 CREATE 项目典型的知识型工作最为吻合。

激励知识型工作者可能比打击他们的积极性更难。先看一些打击他们积极性的因素（Glen 2003）：

- 当知识型工作者是权威人士时，被排除在决策之外。
- 过度的监控。
- 专注于任务，而不是目标。
- 不合格的绩效评估。
- 人为的最后期限。
- 组织不感兴趣。
- 变化的最后期限。

如前所述，知识型工作者将自己视为专业人士，并期望建立自己的工作模式。过度的监督被认为是微观管理。关于“不合格的评估”，总是存在这样的问题：知识型工作者通常比他们的经理更了解自己的工作。这助长了一种倾向，即认为管理者没有资格评价他们。最后，关于“组织不感兴趣”，即使是知识型工作者最感兴趣的项目，如果赞助组织不认为它是重要的，也会使他们失去动力。

关于知识型工作者激励的学术文献是很少的。另外，对于有知识型工作者经验的管理者来说，调查和学术论文中的许多建议并不新鲜。社会和行为科学文献中的一个例子（Mladkova 2015）表明，他们寻求以下类型的环境：

- 他们有机会做到最好。
- 他们的贡献得到认可。
- 他们的意见很重要。
- 他们的工作被认为是重要的。
- 他们的同事都致力于高质量的工作。
- 他们有机会学习并在职业上成长。

上述内容与我们在 CREATE 项目的经验非常吻合。

## 11.4　知识型工作者应具备的能力和知识

软件开发并不是在产品建成后就结束了，如果你建造了它，应该致力于确保它能够被使用。尽管 CREATE 项目并不专注于招聘 DevOps 工程师，但它寻求与 DevOps 开发环境相关的技能和属性，比如：

- 灵活性。
- 解决问题的能力。
- 在快节奏环境中的生产力能力。
- 良好的沟通能力。
- 在团队中工作的能力（更多内容见 11.5 节）。

有人断言，程序员的生产力可以相差一个数量级（McConnell 2010）。这种说法受到了许多人的质疑（Nichols 2019），但编程生产力是一个重要的问题。在 CREATE 项目的案例中，我们认为这种差异很大程度上是由于解决问题的能力不同。编程技能本身并不是最受欢迎的属性。要把一个程序员变成一个工程师或科研人员是很难的。此外，大多数工程师和科研人员都接受过一些编程培训，或者他们自主学习。自主学习的能力和动机体现在他们工作的大多数技术方面。

团队的重要性怎么强调也不为过。像 CREATE 这样的项目的成功是团队合作的结果。开发系统体系、多物理场的高性能计算应用，实现虚拟原型，不能按照早期软件开发的“英雄”模式来完成。破坏性的团队成员会损害一个团队，必须被清除。团队成员必须建立起对同事和组织的信任，以提高工作效率。

创建虚拟原型软件项目所需的知识中以下三类非常突出：

- 关于物理系统本身的技术知识（这可能是令人生畏的）。
- 适用于这些系统的计算数学的工作知识。
- 高性能计算编程模型（如 MPI、MPI+X，其中 X 为 OpenMP 或 CUDA）、软件开发语言（如 C++、Fortran 和 Python）以及 HPC 开发工具（如 Totalview、TAU、Vampir 和 ReMPI）的工作知识。

## 11.5　知识型工作者团队及其重要性

一般来说，知识型工作者认为他们是专业人士，他们非常专注于自己的专业和解决项目中的技术问题。因为他们并不完全专注于工资水平，工作的前景才是更重要的，比如项目将产生重大的国家或国际影响，同时，这些项目也会带来有趣的挑战。

正如Stack Overflow对软件开发人员的年度调查（Insights 2018）所指出的，使CREATE等项目成功的知识型工作者是供不应求的。CREATE项目利用多种不同的方法成功地吸引了这些人才。首先是CREATE项目在其软件开发人员所属的专业协会中的强大影响力。在过去十年中，CREATE项目的开发人员在AIAA、IEEE、ASNE、SNAME、AHS和其他专业协会的出版物上发表了数百篇技术论文。这些论文和相关演讲吸引了各级潜在候选人的注意。其次，从团队中已有的优秀知识型工作者中征集推荐人，通常被称为“自下而上”的方法。知识型工作者往往更看重与谁一起工作，而不是为谁工作。然后是为与该项目合作的学术研究人员开发一个管道，他们中的一些研究生和博士后甚至可能已经在该项目的研究中发挥作用了。与这些研究生和博士后合作给双方提供了一个低风险的机会——看看他们是否适合在一起工作。特别是对于CREATE项目来说，这种方法非常成功。最后是从那些希望利用自己的研究对美国国防部产生更大影响的客户的研究实验室中招募在计算工程方面有成功经验的开发人员。例如，对于船舶设计工具，CREATE项目从位于马里兰州卡德洛克的NAVSEA的船舶设计之家寻找知识型工作者。

也许留住人才最重要的驱动力是有意义的工作和对成功的贡献的认可，以及对不可避免的失败的宽容。如本章前面所述，了解知识型工作者的精神需求是很重要的。例如，知识型工作者追求的是职业发展，而不是传统的职业晋升。通过与专业协会和出版物的互动，帮助他们提高专业水平是很重要的。这种专业知名度是CREATE项目的重要管理策略，但并不是每个企业都像CREATE那样重视这些互动，在大多数从事类似工作的商业企业中，出版受到保护专有知识产权的限制。此外，知识型工作者需要得到培训的支持——几乎所有的人都有多个身份（例如，计算工程专家和高性能计算机程序员）。他们知道，他们必须跟上快速变化的领域。最后，知识型工作者希望他们的经理能够提供稳定的资金，以便他们能够实现自己的项目目标。他们对项目做出了长期的承诺，并期望得到同样的回报。像CREATE这样的项目往往需要几年的时间才能显示出真正的进展，所以如果资金不稳定，其开发者和推动者就会承担职业风险。资金的大幅波动会扰乱开发工作，压抑士气，从而导致人员流动、重要人员流失，以及项目失败。为了有稳定的进展，需要有稳定的资金。

小型（10 人以下）、多学科的专家团队在 CREATE 和 FLASH 等项目中开展工作。对于 CREATE 项目来说，典型的团队包括：*领域专家*（如航天工程师），他们有很强的计算科学背景；*软件工程师*，他们有软件开发方法、计算机架构、语言和数据库技术方面的知识；*应用分析师*，他们是软件的专家用户，帮助测试软件。该团队还包括运营专家，负责将软件打包交付给客户，以及前面提到的*应用分析师*，负责培训新客户并为所有用户提供支持。任何人都不可能拥有开发这些软件应用程序所需的所有技能和知识。过去的“英雄”开发者模式推出了许多成功的应用程序，但在这里却是一种负担。

知识型工作者团队的管理者必须注意到这样一个事实，即他们在受教育期间的大部分时间都是在为自己的个人成就获得奖励。团队工作中固有的共同认可，一开始会使他们感到失望。非常重要的是，团队成员必须认可功劳已经被公平地分享。没有什么能比认为团队的“宠儿”会因为团队的成功而获得过分的认可更快地毒害一个团队了。

对个人关注较少的补偿是，这些专家经常发现，与其他专家合作使他们有机会解决超出个人极限的复杂问题，从他们尊重的其他人那里学习，并获得同行的认可。

**是什么造就了一个成功的团队？**这个话题已经引起了学术界的关注。最近一项关于使用 Github 的开源开发团队的研究得出了以下结论（Klug 2016）：

- 小团队（每个团队少于 10 人）效果最好。一个大项目应该被分解成可以由小的、重叠的团队来做的工作。
- 团队应该由专家（作为工作的某些方面的主要贡献者）和通才（支持另一个团队成员）组成。
- 高度成功的团队通常由一个支持专家核心的多样化支持系统组成。
- 专注的工作活动是成功的标志，即使它只由团队中的一小部分核心成员完成。

这些发现与我们在 CREATE 项目的经验非常吻合。

当团队不在同一地点时，团队的沟通变得更加困难，有时甚至是非常困难的。必须提供一个通信基础设施来解决这个问题。对于 CREATE 项目，通过国防研究和工程网络（DREN）为团队成员提供了高质量的视频会议能力，DREN 是上一代高性能计算现代化项目的一个组成部分。

对于美国国防部赞助的敏感的软件开发工作，安全问题始终必须得到解决。

作为一个三军（陆军、海军和空军）项目，CREATE 项目必须能够跨越军种的界限，与美国国防部的合同社区一起运作。这些实体都有自己的飞地，有自己的安全规则和程序。例如，许多美国国防部驻地不允许使用文件共享的视频会议，尽管 DREN 是一个美国国防部实体，可以使用这种会议。大多数美国国防部工程师，即 CREATE 软件的客户，只能使用配置了微软 Office 和微软浏览器的 Windows 计算机。安装其他任何东西都需要事先获得符合美国国防部应用安全和开发 STIG（STIG 2020）的软件安全认证，许多网络端口和协议也都被封锁了。

CREATE 项目建立了一个具有双因素认证的门户网站，通过加密链接访问该网站来处理这些对开发人员的安全限制。这个门户网站提供了对 CREATE 开发环境的安全访问，包括软件库、问题跟踪、测试和文档。经过授权的用户可以访问一个单独的门户，以设置、运行、分析、可视化和存储 CREATE 软件的应用结果——所有这些都不需要在本地安装任何软件。CREATE 项目提供的软件开发环境，其中包括以下组件：

- 配置管理软件
- 持续集成
- 用于发布软件的脚本和代码
- 服务器、网络和其他发布支持工具
- 支持开发者自助服务的软件工具
- 外部操作监控
- 源代码存储库
- 问题跟踪系统
- 基于容器的工具
- 需求管理工具
- 基础设施和云供应商
- DevOps 支持工具

## 11.6 知识产权和法律问题

一般来说，知识型工作者拥有版权，并有分发软件并从中获利的权力，除非开发工作是根据授予其他实体所有权的合同来执行的。因此，雇用合同必须解决所有权问题。美国国防部的一般政策是为其需要的权利签订合同，将剩余的权利（如版权的所有权）留给承包商。这对于像 CREATE 这样的项目是不可行的。CREATE 项目需要控制对它开发的软件的访问和分发。CREATE 项目的目标是尽可能地获得源代码和可执行代码的无限权利。CREATE 通过纳入 DFARS（DFARS 2020），主要是 DFARS 252-227-7013 和 7014，尽量从为该项目开发代码的承包商那里获得这些权利。如果美国政府为产品开发提供 100% 的资金，这些条款授予政府无限的权利。部分资金授予“政府目的权利”。其他联邦组织在其支持合同中可能需要不同的 DFARS 条款。

另外，潜在的问题是法律问题，即在软件开发中临时使用从互联网上下载的开源代码。这样做是错误地认为从互联网上下载的开源代码是在公共领域的，但情况几乎从来不是这样的。大多数开源代码都有一个许可证。这些许可证的范围从非常宽松的（BSD）到相当严格的（GPL）。GNU 公共许可证（GPL）要求任何与 GPL 开源软件紧密集成的代码必须受其许可证条款的约束。这可能意味着，用 GPL 组件开发的软件必须与 GPL 组件的源头共享，这将否定新代码可能具有的任何竞争优势。对软件开发团队进行教育是很重要的，要让团队认识到调查来自互联网的任何开源软件的来源的重要性。

## 11.7　虚拟原型工具对团队的作用

许多大型产品开发项目（如 F-35 联合攻击战斗机）持续了几十年，这使得年轻的工程师很难通过长期参与这些持久的项目来获得技术和管理经验。借助虚拟原型工具，他们可以通过参与许多不同的虚拟设计项目而不是几个“真实”项目来获得设计和项目管理经验。

虚拟原型工具也被用来为飞行模拟器和其他类型的模拟器制作数据。这些工具可以作为设计项目模拟器使用。工程师可以使用计算工具来学习快速进行虚拟设计。这种方法比等待物理原型的建立和测试要快得多，也便宜得多。有经验的工程师的指导也是传递企业知识和经验的一个好方法。导师可以指导和培训新工程师，只需使用传统工程工作流程中的一小部分时间，因为新工程师使用软件工具进行大部分的学习。新工程师需要导师来设置设计问题，并就正确的解决方案提供建议。然后，大部分的发现和学习过程都可以用软件工具完成。如果执行得当，虚拟体验也许比传统的培训方法更有效。

## 11.8 总结

本章的主要内容包括：

- 知识型员工首先是主题专家，其次是程序员或计算机领域专家。
- 大多数人拥有高级 STEM 学位。
- 知识型工作者供不应求。
- 知识型工作者是自我激励的问题解决者，并期望在他们是专家的领域有决策自主权。
- 招聘知识型工作者的最佳方式是提供有趣、有意义的工作。
- 留住知识型工作者的最好方法是提供一个他们可以成功的工作环境，并对他们的成功进行表扬和奖励。
- 管理知识型工作者的最佳方式是激励。
- 知识型工作者在专注于一个关键目标的小团队中表现最好。

第12章
Chapter 12

# 虚拟原型的机会和挑战

本章描述了工程和科学中的虚拟原型技术的机会，以及它在下一代计算机结构发展趋势下面临的挑战。

## 12.1 引言

计算机的出现使工程师能够使用计算技术来实现工程目标。工程词汇已经发展到包括数字工程、基于模型的工程和基于模型的系统工程等术语。所有这些术语的一个共同点是数字模型——基于计算机的物理系统的实现，支持对决定其行为的效果进行仿真。

- 数字工程强调在产品的生命周期中建模的连续性（DAU）。
- 基于模型的工程是一个基于使用模型的过程，以推动产品的快速发展（NIST）。
- 基于模型的系统工程采用数字建模方法来解决系统级的设计问题（INCOSE）。

CREATE 项目在开发新的、创新的软件产品方面处于引领位置，计算工具现在可以在几分钟或几小时内预测一个物理系统（如飞机、船舶或微处理器）的行为。十几年前，这将在几天或几个月内才能完成。上一代的虚拟模型往往局限于单一的物理效应，例如计算飞机机翼上的气流。目前新一代的虚拟原型工具可以模拟整个飞机的飞行，包括其所有重要的物理子系统。这些系统的模型包括机身、机翼、方向舵、控制面、发动机、起落架、自动驾驶仪和其他部件。用这些计算工具开发的虚拟原型允许设计工程师虚拟地“飞行”以评估其性能。这是基于模型的系统工程的一个强有力的例子。

## 12.2 虚拟原型的机会

像 CREATE 项目这样的虚拟原型软件系列正被用于复杂系统（例如飞机和船舶）的整个生命周期。虚拟原型的机会存在于以下几方面。

**1. 可持续性**

可持续性是虚拟原型发展的最重要领域之一。在其生命的大部分时间里，军事系统和许多其他大型产品都处于产品生命周期的持续阶段。美国国防部对数字工程和基于模型的系统工程的重视，说明了对 CREATE 工具这样的虚拟原型工具的强大需求。

对于船舶和飞机来说，持续阶段可能会有 50 年或更长时间。用 CREATE 产品系列开发的模型已经成功地应用于几十个持续阶段的应用。其中一个例子是对汽车坠毁的分析，用虚拟原型来分析汽车坠毁的原因往往比用真实的物理系统进行实验要容易得多（Bonello 2015 和 Council 2005）。另一个例子是用虚拟原型来监测和预测机械退化。在航空领域已经在使用这类分析来确定何时需要对飞机涡轮叶片进行预防性维护。涡轮叶片在飞行中的故障可能会对飞机及其乘客造成致命伤害。然而，根据现有的检查方法，很难预测涡轮叶片何时会失效。机器学习技术被用来分析来自飞机和发动机内部传感器的大量数据，然后识别即将发生的涡轮叶片故障的独有特征。

基于虚拟原型和基于人工智能的方法（如机器学习）的融合在持续性保障应用中得到越来越多的采用。目前，机器学习主要是基于统计学的模型，而不是物理模型：

- **聚类**：自动识别相似对象。
- **降维**：消除对感兴趣的自变量的行为有微弱影响的变量。
- **异常检测**：检测意外事件和模型异常值。
- **深度学习**：神经网络、自主学习。

在 CREATE 项目中，已经在努力将基于物理学的约束与神经网络（物理信息的神经网络，PINN）结合起来（Karniadakis 2020）。一个例子是使用神经网络来训练低阶模型以模仿高保真模型的准确性。低阶模型的准确度不足以预测重要的感兴趣的量，但升级到更准确的高保真模型会带来调度方面的提升。即使有超级计算机，高保真模型的运行也可能需要一周或更长时间（Kraft 2019 和 Kraft 2016）。

机器学习技术（如降维）对于基于物理学的模型来说是很成熟的，尽管在统计学方面不是这样。在 CREATE 项目中，响应面形式的降维被用来捕获来自全功能数字分析工具（Kestrel）的基于物理学的输出，作为初始设计工具（ADAPT）的输入（McDaniel 2020 和 Kraft 2015）。数字代理这一术语通常适用于由全物理分析工具生成的响应面（Forrester 2008）。

### 2. 可制造性

与产品开发的其他方面一样，可制造性是一个最好在设计阶段考虑的问题。可制造性设计（Design For Manufacturability，DFM）作为一系列工程实践应运而生，旨在促进制造的简易性和成本的降低。一般来说，这些实践一直着重于预测复杂产品的性能上，而不是制造的难易程度上。在纳米电子领域，由于芯片和电路板的物理规模非常小，几十年来，DFM 一直是产品设计的关键组件。船舶和飞机通常不会出现这些纳米级制造问题，尽管它们的一些部件确实存在。3D 打印开始用于生产个性化药物（Sandle 2020 和 Sandler 2015）。

初始设计工具如 RSDE（Rigterink 2017）已经开始考虑如何将制造成本计入设计阶段。这可以为决策者提供实质性的价值，因为海军舰艇是高额的投资，美国海军最新的航母 Gerald R.Ford 号的成本约为 150 亿美元。海军的重点（2020 年）是在未来 30 ～ 50 年内将需要什么样的舰艇组合。为多种类型的水面舰艇和潜艇，以及无人甚至自主的海军舰艇产生和选择设计方案的能力至关重要。

至少有两个方面的可制造性可以通过 CREATE 项目的工具集包含在未来的产品设计中：

- **为装配而设计**：装配时间可能是某些产品开发的一个重要因素。
- **为检查而设计**：对航空航天零件的装配进行检查通常是强制性的。

### 3. 自治系统

在过去的十几年里，在开发能够运动的自治系统方面取得了重大进展。这主要是由处理大量传感器输入的能力以及基于传感器输入使用人工智能做出决策的能力驱动的。我们都知道特斯拉和谷歌在自动驾驶汽车方面取得的进展，以及亚马逊在实现中心配备的机器人方面取得的进展。几乎所有类型传感器的质量、多样性和分辨率都像计算能力一样激增，传感器也变得便宜得多。

美国国防部对多种自治系统感兴趣，包括水面和水下船舶、地面车辆和飞行器。2016年，美国国防科学委员会对国防应用中的自治性进行了研究（DSB 2016）。DSB描述了系统自治的含义：

为了实现自治性，一个系统必须能够独立地制定和选择不同的行动方案，以实现目标。

DSB的研究定义了自治系统在美国国防部使用时不可缺少的以下4个属性：

1）感知（传感器）。

2）思考/决定（人工智能）。

3）行动（执行器和移动）。

4）团队（人机和机机协作）。

CREATE项目的数字代理工具集可以很好地促进美国国防部内自治系统的发展。这些DSB属性中的每一个都在很大程度上依赖嵌入式软件进行操作，并依赖外部软件进行设计和通信。

人工智能模型中的决策历来都是基于规则的。人工智能和机器学习算法正日益发挥作用。基于物理学的数字代理可以对学习过程做出贡献，因为它们可以预测建模物理系统对各种输入的响应（Morton 2017）。这在自动驾驶车辆在其测试运行范围外相遇的情况下尤为重要。此外，基于物理学的模型也可以用来捕捉规则或指导学习过程。

虚拟原型特别适合于分析和测试小规模系统的性能。在5.3节的案例研究中，Theresa Shafer博士（Shafer 2020）描述了她发现的使用虚拟测试来获得8种小型无人机的飞行性能认证数据的优势。标准方法涉及风洞测试和收集真实飞行数据。Shafer使用基于物理学的Kestrel软件应用程序，以更低的成本获得飞行认证数据，而且比使用传统方法要快得多（Morton 2009）。

此外，设计和建造一个感兴趣的虚拟原型系统可以比使用依赖物理原型的传统方法更快、更便宜。代理模型可以确保虚拟原型拥有与物理原型相同的性能特征，因为它是一个数据和算法的集合，很容易被复制，以产生几乎任意数量的数字孪生，每个都代表一个单独的无人机（或任何类型的无人地面、海军、太空或空中平台），然后可以计算和研究数字孪生群的行为，其中的关键挑战是捕捉复杂系统的突发效应，以及所有相关的效应（Laughlin 2002），例如航空复杂系统的集群，它包括复杂气流的空气动力学、系统的通信网络、对当地环境的感知和反应能力，以及许多其他效应。

#### 4. 不确定性量化

不确定性量化（Uncertainty Quantification，UQ）是基于多物理场的建模质量保证的下一个前沿领域（Coleman 2009 和 NRC 2012）。虚拟原型的用户需要了解基于数字代理的预测对其输入扰动的敏感性。毕竟，计算机模型只是现实的近似。不确定性包括以下方面：

- **参数不确定性**：模型参数的值并不精确。
- **模型不确定性**：物理学的数学表示方法的不足或不准确。
- **数字不确定性**：通过在数学模型中使用数字近似而引入的错误。
- **观测误差**：用于验证模型的物理测量中不可避免的误差。
- **插值不确定性**：不代表实际测量的输入，必须进行插值，或者更糟糕的是必须进行推算。插值不确定性不仅仅是测量的问题。它也适用于模拟和测试案例之间的插值。

量化这些不确定性影响的统计方法往往是昂贵的计算。这种成本随着更多物理场被耦合以创建虚拟原型而增加。然而，CREATE 工具的成熟度和其他虚拟原型工具的能力已经可以解决 UQ 问题。

## 12.3　虚拟原型的挑战

### 12.3.1　摩尔定律

如第 1 章所述，自第二次世界大战（1945 年）电子计算机发明以来，计算机处理能力呈指数增长。这一指数增长的基础是基于硅基微处理器的物理特性，以及微处理器供应商不断开发将微处理器组件（如晶体管和电容器）的尺寸从毫米减小到纳米。硅微处理器行为的固态物理以 Dennard 标度为特征，该标度表示，随着晶体管密度翻倍，电路速度会加快 40%，而功耗不会增加（Fuller 2011）。1965 年，戈登・摩尔（Gordon Moore）观察到集成电路中的晶体管数量每两年翻一番（Moore 1965）。这两个观察结果加在一起意味着，随着微处理器制造商能够缩小芯片中电容器、电阻器、晶体管和其他电子元件的尺寸，计算机的处理能力可能会呈指数级增长。显然，这一倍增不可能无限期地继续下去，但没有人知道它将在何时结束。

到 2007 年，很明显，Dennard 定律（或 Dennard 标度）正在失败。预测表明，继续缩小硅 CMOS 晶体管的优势将在 2020 年底前消失。其结果是摩尔定律逐渐被瓦解。这意味着，除非微处理器性能的改善能够持续，否则计算性能可能会在2020年后的几年内停滞不前。

高性能计算的发展导致了基于冯·诺依曼计算模型的通用计算机时代即将结束（Dyson 2012）。计算机制造商开始依赖通用图形处理单元（GPGPU）和其他加速器芯片，从目前的100 petaFLOPS峰值性能转变为计划在不久的将来使用ExaFLOP计算机。

在当前的求解算法中，GPGPU并不适合求解几乎主导所有物理和工程计算的偏微分方程。如果GPGPU是高性能计算的未来，那么未来科学和工程应用的处理速度是否接近极限？不一定。一方面，解决方案算法的改进可能会使GPGPU等数据流架构比目前更有用（Keyes 2011）。事实上，2012年美国国家科学院的研究*The Future of Computing Performance: Game Over or Next Level?*（Fuller 2011）强烈建议大幅增加对开发新算法的研究的支持。另一方面，改进与现有计算机算法兼容的芯片技术是可能的。

为了加速这些改进，2018年，DARPA建立了一个为期5年、价值15亿美元的项目，称为电子复兴（ERI）项目，资助工业界和学术界的研究和开发（DARPA 2020）。许多人认为，可以利用CMOS技术获取更多的速度优势，因为对处理器速度每年翻番的强烈关注使计算机性能的其他潜在改进被搁置一边。因此，硬件性能和算法改进的日志可能会提高现有软件应用和微处理器技术的性能。在硬件方面，这些包括使用不同的材料、2［1/2］-D和3-D芯片设计、更快的互连，以及改进的操作系统和芯片架构。在软件方面，该项目寻求操作系统算法、解决方案算法、编译器和其他软件的改进。实施这些改进可能不会使处理器速度每年增加到原来的2倍。然而，有强烈的迹象表明，这些步骤将在短期内使与标准求解算法更加兼容的计算机架构的性能得到显著提高。

有大量的投资用于生产性的、经过验证的软件应用，这些软件已经被国际工程和科学界使用，并且可以继续被使用，以解决重要的科学和工程设计问题。正如本书所述，计算工程和科学研究界的许多科研人员和工程师现在才开始利用现代计算机的计算能力。在过去的半个世纪中，人们为开发和验证这些软件应用程序付出了巨大的努力。用基于新的计算机架构的软件应用程序来取代它们，将需要几十年的时间。计算工程和科学研究界不会购买不能运行他们的软件应用程序的计算机，因此硬件供应商在提高这个庞大的可信软件应用程序库存的生产力方面有着既得利益。

### 12.3.2　未来的计算机

美国、中国、日本和印度等都在为 2020 ～ 2025 年的时间段开发出超大规模（exascale 是 $10^{18}$ FLOPS）计算机而努力。这些国家的政府都投入了几十亿美元，用于测试各种技术并资助相关实验室和计算机行业的研究。超级计算已经被认为是一种重要的经济和国家安全资产。我们最熟悉的是美国能源部的超大规模计算机项目（Exascale Computer Project，ECP）（Messina 2017）。

基于目前 CMOS 技术的超大规模超级计算机将有数百兆瓦的不可接受的功率要求。ECP 已经确定并资助了联合硬件和软件研究项目，以开发能够利用 GPGPU 的较低功率要求的软件应用和解决方案算法。它还设立了一些项目来研究降低功率要求的方法。此外，它还专注于提高生产力，这里的生产力被定义为计算机速度、内存大小和访问速度、编程便利性、可用性以及算法改进的综合。该项目已经确定了 25 个不同的重要应用领域，它正在支持开发旨在运行于 ECP 计算机上的软件。每个应用程序都由一个由软件开发人员和计算机开发社区成员组成的团队进行编码。该项目是经过深思熟虑的。

### 12.3.3　虚拟原型范式的未来应用

下面介绍虚拟原型范式的未来应用，几乎涵盖了科学和工程领域的每一个主题，这里只列举几个例子。

#### 1. 空间天气

来自太阳的日冕物质抛射（CME）有可能通过破坏世界的电力和通信基础设施来摧毁全球经济。随着我们对卫星通信、稳定的电网和相互连接的计算机网络的日益依赖，我们越来越容易受到大规模 CME 的破坏。CME 可以跟随太阳耀斑，将一个巨大的热等离子体圆球从太阳向外驱逐到太阳系。这个圆球有一个大的磁场，包含热的、电离的气体。它通常需要几天的时间才能到达地球的轨道。大多数 CME 都会错过地球，但并非总是如此。1859 年的卡灵顿事件是有史以来最大的 CME。它对电报网络造成了大规模的干扰和破坏，这是当时地球拥有的唯一脆弱的电系统。2012 年的一个类似的太阳风暴具有相当的规模，但它经过地球的轨道，没有撞击地球，错过了 9 天。

如果再来一次这种量级的 CME 撞击地球，它将对我们现有的电网、卫星、太空中的宇航员和通信网络造成巨大的破坏。幸运的是，利用美国宇航局太阳动力学观测站的数据，一个日本小组开发了预测这种大规模 CME 可能发生时间的能力。这将使我们有时间（10 ～ 20h）在耀斑到达地球之前做好准备（Kusan 2020）。我们也正在达到这样的程度，即我们可以为我们的通信网络和电网的脆弱性开发现实的计算机模型。然后我们可以开发出暂时关闭它们并限制损害的方法。对太阳的持续卫星监测将使我们有可能预测这些事件，并发出警报，让地球有时间为风暴做准备并预测其影响。

**2. 传统的天气和气候变化的预测**

随着我们获得更强大的计算机和更大的内存，天气和气候预测将继续改善。然后我们可以使用更高分辨率的网格和更精确的云层、降水等的算法。也许最大的改进将是由于从海底到太空边缘的整个地球的气象条件的更详细和实时的数据。我们将能够对地球的天气和气候有一个详细的了解。我们将能够应用这些知识来理解和预测我们在过去几年观察到的各种极端天气状况。

**3. 精准医疗**

到目前为止，精准医疗（即数字医疗）还没有真正“到来”。然而，随着传感器和计算机的低成本和不断提高的能力，我们认为医学界将可能克服许多最初的问题和缺陷。无论是独立的还是联网的个人健康监测器，随着医学界和硅谷一起找出哪些是可行的，哪些是不可行的，其能力和作用会越来越大。像其他物联网问题一样，数据隐私和安全将继续是一个重大挑战。

我们对人体如何工作的理解将继续提高，正如我们对一般生物系统的理解一样。我们对基因组学、病毒学、流行病学等的理解在过去 10 ～ 20 年里有了极大的提高。将病毒的分子模型放在一起的速度以及流行病学预测工具的效用证明了虚拟原型工具在医学上的应用日益成熟。我们开始了解生物系统的复杂性，特别是人体的复杂性。尽管最初的承诺有些夸张，但对个人的专门治疗将更加普遍、更加有效。现代医学并没有真正把病人作为一个系统体系来对待。在美国，有复杂问题的病人必须按顺序与多个专家打交道。除了文化上的惯性，没有理由不在相关的医疗专家之间更好地协调病人的治疗。

位于明尼苏达州罗切斯特的梅奥诊所在这一领域取得了重大进展，将各种医疗领域的全科医生和专家团队集中在一起，可以解决大量的弊病（Mayo Clinic

2018）。由此产生的经验和教训储备，以系统的方式解决了病人的需求。追踪人的生命体征的可穿戴显示器开始出现。

计算机辅助的病人诊断，加上病人病史的详细数据和病人病情的详细诊断，也有巨大的潜力。美国退伍军人管理局拥有其所有病人的良好医疗记录（VA 2020）。为个人医疗记录建立一个安全的数据库将带来巨大的好处，而且以今天的技术是可行的。许多医院和医疗诊所都开始将这种技术用于病人记录。当然，数据隐私、所有权和安全将继续成为主要问题。医学界对采用新技术和新方法持谨慎态度是正确的，但正在取得进展。

在本章中，我们举例说明了基于物理学的计算在用于工程和科学研究时的价值。我们为组织实现这一价值提供了实用的指导。我们的指导是基于我们对各种基于物理学的计算项目的实际经验的。

## 12.4 全书总结

本章是全书最后一章，我们将在此对全书内容做个总结。

**1. 软件是关键，而且它是不同的**

虚拟产品设计或利用计算机进行模拟科学研究所需的智力资本（知识）存在于软件、软件开发团队和用户社区中，而不是计算机、网络或计算生态系统的其他商品组件中。构成虚拟原型范式基础的软件不能通过采用生产硬件产品的方法来生产或维持。软件和硬件的获取和开发之间的根本区别在于其要求的特殊性。硬件开发是从具体的要求开始的；然而，对于软件来说，要求往往难以用文字记录，它需要通过一个迭代的过程来发现和完善，包括与消费者的不断互动。

**2. 谨慎对待开源软件**

人们很容易认为开源软件可以在数字工程计划（如虚拟原型）中发挥巨大的作用。的确，它可以，但是许可证会严重限制用它开发的产品的使用方式。在软件开发中使用开源软件组件需要仔细审查所有涉及的许可证。

**3. 启动虚拟原型软件开发项目很难**

成功地启动一个新项目来颠覆和改革一个组织现有的开发产品或进行科学研究的方式，需要一个愿景和一个实现该愿景的计划。愿景必须满足实际需求。实现愿景需要毅力、大量工作和一些好运。除了选择软件方法（购买与构建）的挑战外，还有采用方法的挑战：从可能会受到开发产品或进行研究的新方式威胁的员工那里获得支持和认可。如果这些挑战得不到满足，这项努力很可能会失败。

该计划应涵盖软件生命周期的所有阶段。它开始应该证明“软件是不朽的”。只要客户使用软件解决重要问题，就需要支持该软件。如果支持停止，代码通常会很快过期。软件开发设施由一组开发人员和用户以及相关的计算机基础设施组成，需要的支持类型与实体工厂大致相同。它需要敬业、有报酬的专业人员，它需要定期更新技术，它有需要维护的物理组件。然而，许多高级领导并不理解长期支持的必要性，这并不奇怪，因为他们往往倾向于将软件与硬件混为一谈。整个生命周期的计划提供了纠正这种误解的机会。

**4. 不要过度承诺**

开发并交付一个完全有能力的数字设计和分析工具集需要数年时间，即使有现有组件的先机。客户或赞助商必须认识到，软件的交付时间要比可行的时间早。软件可以作为实现全部功能的最小可行产品进行交付。这为客户提供了越来越多的价值，并使他们增加了对软件的信心。

**5. 管理风险**

开发最先进的、能够支持虚拟原型范式的系统体系软件并不是没有风险，已有大量的文献描述了这些风险。这些风险影响到工作的所有阶段：软件项目的建议阶段、产品开发阶段和产品维持阶段。最终，如果项目成功的话，后两个阶段是不可分割的。管理风险和执行风险都是存在的，没有一个是可以长期忽视的。根据我们的经验，没有一个已公布的软件开发方法论能解决我们在 CREATE 项目中遇到的所有风险。在一开始就识别出风险是非常重要的。

软件开发有风险并不意味着风险可以或应该被避免。重要的是，*要愿意承担必要的风险*，以应对代码开发过程中出现的不可预见的技术挑战和官僚主义挑战。这与下一条总结是相辅相成的。代码开发团队需要灵活地尝试有风险的方法来解决不可避免出现的无数问题。

**6. 力争采用轻量级的管理方法，强调实践而不是流程**

在开发复杂的软件应用程序（如数字产品设计、研究和工程所需的软件）时，重量级的、受流程约束的软件开发方法并不十分成功。与流程相反，实践在执行层面上设定了项目的期望，而没有烦琐的、过度约束的流程。CREATE 项目管理团队认识到，对流程的强烈关注疏远了成功所依赖的技术软件开发人员，并削弱了他们的能力。敏捷方法是一个更好的选择，尽管在应用时并不是没有流程。对于由来自不同企业、学术界或政府的非合作者组成的大型联合项目，采用规定性的、流程驱动的软件开发方法在任何情况下都是不可行的。

**7. 软件测试与功能开发同样重要**

软件测试不能是事后的想法，它必须是一个系统的、有计划的活动，与产品开发一样谨慎执行。准确性对于一个虚拟原型应用程序的成功甚至比速度或可用性更重要。软件预测中的错误可能会造成灾难性的后果。测试是软件的客户能够对软件的预测产生信心的唯一途径。如果软件不被信任，无论它有多快，都不会被使用。对于 CREATE 项目来说，这一点非常重要，以至于选择 CREATE 项目经理和软件应用团队负责人的关键因素之一是之前在软件的验证和确认方面具有成功的经验。

**8. 尽可能地将产品开发和测试过程自动化**

自动化是从软件开发基础设施的投资中获取最大利益的关键。尤其是自动化的产品构建和测试，现在被普遍认为是 DevOps 的最佳实践。一个连接持续集成和自动回归测试的无缝流程每天都会带来红利。大多数故障（bug）几乎可以立即被发现，这一点证明了对自动化的投资是合理的。基础设施应该由一个高度称职的信息技术小组建立和维护。经验表明，信息技术小组应该向代码团队负责人报告。否则，信息技术小组通常不会给代码开发团队提供它所需要的软件和硬件支持。

**9. 有能力的虚拟原型企业的软件开发人员是一种有特殊需求的珍贵商品**

需要一个多学科的专业团队来开发数字工程应用，如本书所描述的那些。一个成功的团队需要领域科研人员和工程师、计算机领域专家、计算数学家、构建“大师”、代码管理员、能够测试代码的应用专家、客户测试员等。所有这些专业人员都属于知识型员工的范畴，与更多的传统员工不同，他们的选择是经过深思熟虑的。对于知识型员工来说，指导必须被促进取代。在实践层面上，促进就是创造一个工作环境，促进技术专家的生产力，他们期望有一定程度的自治性和独立性，这在传统的工作环境中是不能被容忍的。

**10. 大力鼓励员工的职业发展**

参与专业团体有利于员工的职业生涯，并使他们在相关技术领域获得积极的声誉。组织应鼓励员工发表文章并成为专业协会的积极成员。他们作为官员或委员会成员，评判论文，组织会议，在专业界发展盟友，对职业发展很重要。大力支持员工的职业发展有助于组织招聘和留住优秀人才。

**11. 资金必须流动**

代码开发需要稳定的资金。用户需要稳定的资金。开发者和用户都是稀缺的、有价值的资产。赞助商的财务团队必须信任软件开发和用户团队的价值。发展信任需要软件团队（代码开发人员和用户）对赞助商的财务团队保持透明、诚实。如果赞助商的财务团队成员看到了软件项目的影响力和价值，那么他们将可能成为软件项目最有效的支持者。反过来说，如果不向财务团队通报情况，不与他们进行建设性的合作，财务团队成员也会成为项目的最大噩梦。软件团队必须对“官僚”的程序有耐心。项目需要赞助商的支持。邀请财务团队参加会议，让开发人员和用户描述他们正在做的事情以及工作的影响。财务人员将了解到开发者和使用者所做工作的质量，对组织的竞争地位的影响，以及团队实现其目标的能力。保持所有财务交易的可审计记录，并保持项目在赞助商财务团队中的可信度。

# 参考文献

## 第1章


Alley, R.B., K.A. Emanuel, and F. Zhand, 2019. "Advances in Weather Prediction." *Science* 363 (6425): 342–344.

Atomic Heritage Foundation, 2014. "Computing and the Manhattan Project." www.atomicheritage.org/history/computing-and-manhattan-project.

Augustine, N.R., C. Barrett, G. Cassell, N. Grasmick, and C. Holliday, 2007. *Rising Above the Gathering Storm*. Washington, DC: National Academy of Sciences Press.

Barnes, Harry Elmer, 1965. *An Intellectual and Cultural History of the Western World*. Vol. 1. New York: Dover Publications.

Blum, Andrew, 2019. *The Weather Machine: A Journey Inside the Forecast*. New York: HarperCollins Publishers.

Consortium, National Digital Engineering Manufacturing, 2015. "Modeling, Simulation, and Analysis, and High Performance Computing: Force Multiplier for American Innovation." www.compete.org.

Cordell, Carten, 2018. "What's Impeding the DOD's Push for Innovation? Turns Out, a Lot." www.fedscoop.com/whats-impeding-dods-push-innovation-turns-lot/.

Council on Competitiveness. www.compete.org.

2005. "Auto Crash Safety: It's Not Just for Dummies."

2009. "Goodyear Puts the Rubber to the Road with High Performance Computing."

2010. "HPC Success Stories."

Dongarra, J., et al., 2003. *Sourcebook of Parallel Computing*. Amsterdam: Morgan Kaufmann Publishers.

Dyson, George, 2012. *Turing's Cathedral: The Origins of the Digital Universe*. New York: Vintage.

Energy, U.S. Department of, 2019. "Maintaining the Stockpile." www.energy.gov/nnsa/maintaining-stockpile.

Ewusi-Mensah, Kweku, 2003. *Software Development Failures: Anatomy of Abandoned Projects*. Cambridge, Mass.: MIT Press.

F-22, 2021. "Lockheed Martin F-22 Raptor." www.lockheedmartin.com/en-us/news/features/history/f-22.html.

F-35, 2021. "F-35 Lightning II Lockheed Martin History." f35.com/f35/about/history.html.

Fei Tao, He Zhang, Ang Liu, and AYC Nee, 2019. “Digital Twin in Industry: State-of-the-Art.” *IEEE Transactions on Industrial Informatics* 15 (4): 2,405–2,415.

Fleming, James Rodger, 2016. *Inventing Atmospheric Science: Bjerknes, Rossby, Wexler, and the Foundations of Modern Meteorology*. Cambridge, Mass.: MIT Press.

Ford, Kenneth W., 2015. *Building the H Bomb: A Personal History*. New Jersey: World Scientific Publishing.

Ford Media, 2014. “Ford Increases Virtual Crash Computing Power, Helping to Ensure Customer Safety.” Ford Media Center. Accessed March 10, 2014. https://media.ford.com/content/fordmedia/fna/us/en/news/2014/03/10/ford-increases-virtual-crash-computing-power.html.

Forrester, I.J., A. Sobester, and A.J., Keane, 2008. *Engineering Design via Surrogate Modeling: A Practical Guide*. Reston, Virg.: AIAA, Wiley and Sons.

Frieman, J.A., M.S. Turner, and D. Huterer, 2008. “Dark Energy and the Accelerating Universe.” *Annual Review of Astronomy and Astrophysics* 46 (1): 385–432.

Gielda, Tom, 2009. “Case Study: Whirlpool’s Home Appliance Rocket Science: Design to Delivery with High Performance Computing.” *Council on Competitiveness Case Studies*. Vol. 2009. Washington DC: Council on Competitiveness. www.compete.org.

Glass, Robert L., 1998. *Software Runaways: Monumental Software Disasters*. New York: Prentice Hall PTR.

Glotzer, S., S. Kim, P. Cummings, A. Deshmukh, M. Head-Gordon, et al., 2009. “International Assessment of Research and Development in Simulation-Based Engineering and Science.” World Technology Evaluation Center.

Gorman, S., 2006. “System Error.” *Baltimore Sun*. January 29, 2006.

Greenwalt, William, and Dan Patt, 2021. “Competing in Time: Ensuring Capability Advantage and Mission Success through Adaptable Resource Allocation.” Hudson Institute. Washington, DC. https://www.aei.org/wp-content/uploads/2021/02/Greenwalt_Competing-in-Time.pdf?x91208.

Kochhar, N.K., 2010. “From Safety Performance to EcoBoost Technology: HPC Enables Innovation and Productivity at Ford Motor Company.” University of Southern California Information Sciences Institute. Washington, DC: Council on Competitiveness. www.compete.org.

Kraft, E.M., 2016. “The U.S. Air Force Digital Thread/Digital Twin—Life Cycle Integration and Use of Computational and Experimental Knowledge—AIAA 2016-0897.” *AIAA SciTech 54th AIAA Aerospace Sciences Meeting*. San Diego, Calif.: American Institute of Aeronautics and Astronautics.

Krizhevsky, A.I. Sutskever, and G.E. Hinton, 2012. “ImageNet Classification with Deep Convolutional Neural Networks.” *Advances in Neural Information Processing Systems* 25 (NIPS 2012): 1,097–1,105.

Lange, Tom, 2009. “Case Study—Procter & Gambles’s Story of Suds, Soaps, Simulations and Supercomputers." Council of Competitiveness. www.compete.org/storage/images/uploads/File/PDF%20Files/HPC_PG_072809_A.pdf.

McDaniel, David, R, H. Nichols, T.A. Eymann, R.E. Starr, and S.A. Morton, 2016. "Accuracy and Performance Improvements to Kestrel's Near-Body Flow Solver." *54th AIAA Aerospace Meeting. Vol AIAA 2016-1051*. San Diego, Calif: American Institute of Aeronautics and Astronautics.

McDaniel, David R., and Todd R. Tuckey, 2020. "HPCMP CREATE—AV Kestrel: New and Emerging Capabilities AIAA 2020-1525." *AIAA SciTech Forum* 21. Orlando, Fla: American Institute of Aeronautics and Astronautics.

Miller, Loren, 2010. "Simulation-Based Engineering for Industrial Competitive Advantage." *Computing in Science & Engineering* 12: 14–21.

Miller, Loren, 2017. "Product Innovation Through Computational Prototypes and Supercomputing." *Computing in Science & Engineering* 19 (6): 9–17.

Montgomery, Hugh, 2010. *Bureaucratic Nirvana: Life in the Center of the Box, Gaining Peace, Enlightenment & Potential Funding in the Pentagon R&D Bureaucracy*. Arlington, Virg.: Potomac Institute Press.

Oden, J.T., 2006. *Revolutionizing Engineering Science Through Simulation*. National Science Foundation.

Paquin, R., and K. Prouty, 2014. *The Value of Virtual Simulation Versus Traditional Methods*. Aberdeen Group. www.solidworks.com/sw/docs/10032-RR-Virtual-Simulation-Software.pdf.

Parkes, Henry Bamford, 1959. *Gods and Men, The Origins of Western Culture*. New York: Alfred A. Knopf.

Petroski, Henry, 2006. *Success Through Failure, the Paradox of Design*. Princeton: Princeton University Press.

Pollitt, Jerome J., 1972. *Art and Experience in Classical Greece*. New York: Cambridge University Press.

Post, D., and R. Kendall, 2015. "Enhancing Engineering Productivity." *Computing in Science & Engineering* 17 (4): 4–6.

Post, D.E., et al., 2016. "CREATE: Software Engineering Applications for the Design and Analysis of Air Vehicles, Naval Vessels, and Radio Frequency Antennas." *Computing in Science & Engineering* 18 (1): 14–24.

Post, D.E., and R.P. Kendall, 2004. "Software Project Management and Quality Engineering Practices for Complex, Coupled MultiPhysics, Massively Parallel Computational Simulations." *International Journal of High Performance Computing Applications* 18 (4): 399–416.

Post, D.E., J. D'Angelo, S. Dey, L.N. Lynch, R.L. Meakin, R.L. Vogelsong, et al., 2017. "CREATE: Accelerating Defense Innovation with Computational Prototypes and High Performance Computers." *Fourteenth Annual Acquisition Research Symposium*. Monterey, Calif.: Naval Postgraduate School.

Post, Douglass, 2009. "The Promise of Science-Based Computational Engineering."

*Computing in Science & Engineering* 11 (3): 3–4.
Post, Douglass, 2014. “Product Development with Virtual Prototypes.” *Computing in Science & Engineering* 14 (6): 4.
Ritsick, Colin. 2020. “F-22 Raptor vs F-35 Lightning II” *Military Machine* https://militarymachine.com/f-22-raptor-vs-f-35-lightning-ii/.
Rumelhart, D.E., G.E. Hinton, and R.J. Williams, 1986. “Learning Representations by Back-Propagating Errors.” *Nature* 323 (6,088): 533–536.
Saddik, A., 2018. “Digital Twins: The Convergence of Multimedia Technologies,” *IEEE Multimedia* 25 (2): 87–92.
Sawyer, J. S., 1962. “The Physics of Weather Forecasting.” *British Journal of Applied Physics* 13: 380–383.
Schwab, Klaus, 2016. *The Fourth Industrial Revolution*. London: Penguin Random House UK.
Shafer, Theresa C., Brad E. Green, Ben P. Hassissy, and David H. Hine, 2014. “Advanced Navy Applications Using CREATE Navy Applications Using CREATE Kestrel—AIAA-2014-0418.” *AIAA SciTech Forum, 52nd Aerospace Sciences Meeting*. National Harbor, Md.: American Institute of Aeronautics and Astronautics.
Siegele, Ludwig, 2020. “Mirror Worlds, A Special Report on The Data Economy.” *The Economist*. February 20, 2020.
Stookesberry, David, 2015. “An Industry Assesment of CREATE-AV Kestrel Vol. AIAA 2015-0039.” *53rd AIAA Aerospace Sciences Meeting*. Kissimmee, Fla.: American Institute of Aeronautics and Astronautics.
Strohmaier, Hans, W. Meuer, Jack Dongarra, and Horst D. Simon, 2015. “The TOP500 List and Progress in High- Performance Computing.” *Computer* 35 (11): 42–49.
Trimble, V., 1987. “Existence and Nature of Dark Matter in the Universe.” *Annual Review of Astronomy and Astrophysics* 25: 425–472.
V-22, 2021. “Marines V-22 Osprey” www.aviation.marines.mil/About/Aircraft/Tilt-Rotor.
Wheeler, Wilson, 2012. “How the F-35 Nearly Doubled In Price (And Why You Didn’t Know)” *Time*, July 09, 2012. https://nation.time.com/2012/07/09/f-35-nearly-doubles-in-cost-but-you-dont-know-thanks-to-its-rubber-baseline/.

## 第 2 章

Cherry, Steven, 2004. “Edholm’s Law of Bandwidth.” *IEEE Spectrum* 41 (7): 58–60.
Fortune 2017. “Target pays millions to settle state data breach lawsuits.” www.fortune.com/2017/05/23/target-settlement-data-breach-lawsuits.
Hulse, Russell, 1993. “The Discovery of the Binary Pulsar.” www.nobelprize.org/prizes/physics/1993/hulse/lecture/.

Ioannidis, J.P., 2005. "Why Most Published Research Findings Are False." *Public Library of Science Medicine* 2: 124. https://doi.org/10.1371/journal.pmed.0020124.

Jakobsen, Brent, and F. Rosendahl, 1994. "The Sleipner Platform Accident." *Structural Engineering International* 4 (3): 190–193.

Kossiakoff, Alexander, and W.N. Sweet, 2003. *Systems Engineering Principles and Practice*. Hoboken, N.J.: John Wiley and Sons.

Leek, Jeffrey T., and Leah R. Jager, 2017. "Is Most Published Research Really False?" *Annual Review of Statistics and Its Application* 4: 109–122.

Miller, Greg, 2006. "A Scientist's Nightmare: Software Problem Leads to Five Retractions." *Science* 314: 1,856–1,857.

Moore, Gordon E., 1965. "Cramming More Components onto Integrated Circuits." *Electronics*: 114–117.

Mule, Joe, Gerald Sandler, and Steven Burns, 1968. "NASTRAN: NAsa STRucture ANalysis." www.mscsoftware.com/product/msc-nastran.

Post, Douglass E., Chris Atwood, Kevin Newmeyer, Robert Meakin, Myles Hurwitz, et al., 2016. "CREATE: Software Engineering Applications for the Design and Analysis of Air Vehicles, Naval Vessels, and Radio Frequency Antennas." *Computing in Science and Engineering* 18 (1): 14–24.

Schneier, Bruce,. 2016. *Data and Goliath: The Hidden Battles to Collect Your Data and Control Your World*. New York: W.W. Norton & Company.

## 第3章

Basse, S., 2008. *A Gift of Fire: Social, Legal, and Ethical Issues for Computing Technology*. Upper Saddle River, New Jersey: Prentice Hall.

Blacker, Ted D., 2020. "Sandia National Laboratories: CUBIT Geometry and Meshing." https://cubit.sandia.gov/.

code_aster, 2020. https://code-aster.org.

Datta, Anubhav, and W. Johnson, 2008. "An Assessment of the State-of-the-Art in Multidisciplinary Aeromechanical Analyses." *AHS Specialist's Conference on Aeromechanics*. San Francisco, Calif.: American Helicopter Society.

Dey, Saikat, R.M. Aubry, B.K. Karamete, and E. Mestreau, 2016. "Capstone: A Geometry-Centric Platform to Enable Physics-Based Simulation and System Design." *Computing in Science & Engineering*, 18: 7.

ESMF 2021. "Earth Systems Modeling Framework, High Performance Modeling Infrastructure." https://earthsystemmodeling.org.

FreeCAD, 2020. www.freecadweb.org/index.php.

Fruhlinger, Josh, 2017. "What Is the Heartbleed Bug, How Does It Work and How Was It Fixed?" CSO United States. Accessed September 13, 2019. www.csoonline.com/article/3223203/what-is-the-heartbleed-bug-how-does-it-work-and-how-was-itfixed.html.

Fryxell, B., K. Olson, P. Ricker, F.X. Timmes, M. Zingale, D.Q. Lamb, P. MacNeice, R. Rosner, J.W. Truran, and H. Tufo, 2000. "FLASH: An Adaptive Mesh Hydrodynamics Code for Modeling Astrophysical Thermonuclear Flashes." *Astrophysical Journal Supplement Series* 131: 273–334.

GNU Octave, 2020. www.gnu.org/software/octave/.

Gordon, Mark, and Michael Schmidt, 2020. "General Atomic and Molecular Electronic Structure System (GAMESS)." www.msg.chem.iastate.edu/gamess/.

Gorman, S., 2006. "System Error." *Baltimore Sun*. January 29, 2006.

Israel, J. W., 2012. "Why the FBI Can't Build a Case Management System." *Computer* 45: 73–80.

Johnson, Wayne, and A. Datta, 2008. "Requirements for Next Generation Comprehensive Analysis of Rotorcraft." *AHS Specialists's Conference on Aeromechanics*. San Francisco, Calif.: American Helicopter Society.

Mahoney, Bill, 2020. "Weather Research and Forecasting Model (WRF)." https://ral.ucar.edu/solutions/products/weather-research-and-forecasting-model-wrf.

McDaniel, David, R.H. Nichols, T.A. Eymann, R.E. Starr, and S.A. Morton, 2016. "Accuracy and Performance Improvements to Kestrel's Near-Body Flow Solver." *54th AIAA Aerospace Meeting. Vol AIAA 2016-1051*. San Diego, Calif: American Institute of Aeronautics and Astronautics.

Miller, Loren, 2017. "Product Innovation Through Computational Prototypes and Supercomputing." *Computing in Science & Engineering* 19 (6): 9–17.

Moore, Gordon E., 1965. "Cramming More Components onto Integrated Circuits." *Electronics*: 114–117.

Morton, Scott., D. McDaniel, R. Sears, B. Tillman, and T. Tuckey, 2009. "Kestrel—A Fixed Wing Virtual Aircraft Product of the CREATE Program." *47th AIAA Aerospace Sciences Conference*. Orlando, Fla.: American Institute of Aeronautics and Astronautics.

Open Source, 2019. "Open Source Software." www.opensource.com.

Post, D.E., and R.P. Kendall, 2004. "Software Project Management and Quality Engineering Practices for Complex, Coupled MultiPhysics, Massively Parallel Computational Simulations." *International Journal of High Performance Computing Applications* 18 (4): 399–416.

## 第 4 章

Aaboe, Asger, 1958. On Babylonian Planetary Theories. *Centaurus* 5 (3–4): 209–277.

Barba, Lorena, 2016. "The Hard Road to Reproducibility." *Science* 354 (6,308): 142.

CASL 2021."The Cornsortium for Advanced Simulation of Light Water Reactors." https://casl.gov.

Dey, Saikat, R.M. Aubry, B.K. Karamete, and E. Mestreau, 2016. "Capstone: A

Geometry-Centric Platform to Enable Physics-Based Simulation and System Design." *Computing in Science & Engineering*, 18: 7.

Fryxell, B., K. Olson, P. Ricker, F.X. Timmes, M. Zingale, D.Q. Lamb, P. MacNeice, R. Rosner, J.W. Truran, and H. Tufo, 2000. "FLASH: An Adaptive Mesh Hydrodynamics Code for Modeling Astrophysical Thermonuclear Flashes." *Astrophysical Journal Supplement Series* 131: 273–334.

Gordon, Mark, and Michael Schmidt, 2020. "General Atomic and Molecular Electronic Structure System (GAMESS)." www.msg.chem.iastate.edu/gamess/.

GrandViewResearch, 2018. "Virtual Prototype Market Growth & Trends." Vol. 2018. Grand View Research. www.grandviewresearch.com/press-release/global-virtual-prototype-vp-market/.

Gray, Alexander W., Douglas T. Rigterink, and Peter McCauley, 2017. "Point-Based Versus Set-Based Design Method for Robust Ship Design." *Naval Engineers Journal* 129 (2): 14.

Hallquist, John, 1976. "LS-DYNA." www.lstc.com/products/ls-dyna/.

Hariharan, Nathan, Andrew Wissink, Mark Potsdam, and Roger Strawn, 2016. "First-Principles Physics-Based Rotorcraft Flowfield Simulation Using HPCMP CREATE-AV Helios." *Computing in Science & Engineering* 18 (6): 9.

Jira-Agile 2021. www.atlassian.com/agile.

Kim, Sung-Eun, H. Shan, R. Miller, B. Rhee, A. Vargas, S. Aram, and J. Gorski, 2017. "A Scalable and Extensible Computational Fluid Dynamics Software Framework for Ship Hydrodynamics Applications: NavyFOAM." *Computing in Science & Engineering* 19 (6): 33–39.

Kraft, Edward M., 2019. "Value-Creating Decision Analytics in a Lifecycle Digital Engineering Environment 2019-1364." *AIAA SciTech Forum*. San Diego, Calif.: American Institute of Aeronautics and Astronautics.

Lynch, Larry, Christopher Goodin, Kevin Walker, Jody Priddy, and Michael Puhr, 2017. "HPCMP CREATE-GV: Supporting Ground Vehicle Acquisition." *Computing in Science & Engineering* 19 (6): 27–32.

McDaniel, David R., and Todd R. Tuckey, 2020. "HPCMP CREATE—AV Kestrel: New and Emerging Capabilities AIAA 2020-1525." *AIAA SciTech Forum* 21. Orlando, Fla: American Institute of Aeronautics and Astronautics.

Meakin, Robert, 2017a. "Academic Deployment of the HPCMP CREATE Genesis A Software Package." *NDIA Systems Engineering Conference*. Springfield, Virg. https://ndiastorage.blob.core.usgovcloudapi.net/ndia/2017/systems/Thursday/Track4/19729_Meakin_GenesisA.pdf/.

Meakin, Robert, 2017b. "Academic Deployment of the HPCMP CREATE Genesis B Software Package." *NDIA Systems Engineering Conference*. Springfield, Virg. https://ndiastorage.blob.core.usgovcloudapi.net/ndia/2017/systems/Thursday/Track4/19729_Meakin_GenesisB.pdf/.

Moyer, E. Thomas, J. Stergiou, G.M. Reese, and N.N. Abboud, 2016. "Navy

Enhanced Sierra Mechanics (NESM): Toolbox for Predicting Navy Shock and Damage." *Computing in Science & Engineering* 18: 10.

Mule, Joe, Gerald Sandler, and Steven Burns, 1968. "NASTRAN: NAsa STRucture ANalysis." www.mscsoftware.com/product/msc-nastran.

Post, Douglass, 2014. "Product Development with Virtual Prototypes." *Computing in Science & Engineering* 14 (6): 4.

Singer, David J., Norbert Doerry, and Michael E. Buckley, 2009. "What Is Set-Based Design?" *Naval Engineers Journal* 121 (4): 13.

Toomer, G.J., 1984. *Ptolemy's Almagest*. London: Gerald Duckworth & Co.

Wilson, Wes, T. Quezon, V. Trinh, C. Sarles, J. Li, and J. Gorski, 2016. "HPCMP CREATE-SH Integrated Hydrodynamic Design Environment." *Computing in Science & Engineering* 18 (6): 47–56.

Wissink, Andrew, R. Jain, V. Lakshminarayan, and J. Sitaraman, 2020. "Automated Meshing Enhancements in HPCMP CREATE-AV Helios v10 AIAA-2020-1527." *58th AIAA Science and Technology Forum*. Orlando, Fla: American Institute of Aeronautics and Astronatics.

Wissink, Andrew, W. Staruk, S. Tran, B. Roget, B. Jayaraman, J. Sitaraman, and V. Lakshminarayan, 2019. "Overview of New Capabilities in Helios Version 9.0 AIAA 2019-0839." *AIAA Scitech 2019 Forum*. San Diego, Calif.: American Institute of Aeronautics and Astronautics.

## 第5章

Alley, R.B., K.A. Emanuel, and F. Zhand, 2019. "Advances in Weather Prediction." *Science* 363 (6425): 342–344.

Bergeron, K., et al., 2015. "Computational Fluid Dynamics for the Aerodynamic Design and Modeling of Ram-Air Parachute with Bleed-Air Actuators AIAA 2015-0555." *53rd AIAA Aerospace Sciences Meeting, AIAA SciTech Forum*. Kissimmee, Fla.

Blum, Andrew, 2019. *The Weather Machine: A Journey Inside the Forecast*. New York: HarperCollins Publishers.

Bunting, Greg, and Garth Reese, 2017. "Multi-Disciplinary Integration of ModSim for Navy Applications." *20th Annual Systems Engineering Conference*. Springfield, Virg. https://ndiastorage.blob.core.usgovcloudapi.net/ndia/2017/systems/Thursday/Track4/19887_Bunting.pdf/.

Cancian, Mark F., 2019. "U.S. Military Forces in FY 2020: Navy." Center for Strategic & International Studies. https://csis-website-prod.s3.amazonaws.com/s3fs-public/publication/191119_Cancian_FY2020_Navy_FINAL.pdf/.

Deagel.com, 2021. "Aerostar." Last modified February 17, 2021. www.deagel.com/Support%20Aircraft/Aerostar/a002295/.

Denny, A.G., J.T. Horine, R.H. Nichols, S. Morton, J.B. Klepper, and S.A. Savelle,

2014. "Inlet/Engine Integration Examples Using Coupled Transient and Steady Engine Performance Models with Kestrel AIAA 2014-0753." *52nd Aerospace Sciences Meeting, AIAA SciTech Forum*. National Harbor, Md.

Dey, Saikat, R.M. Aubry, B.K. Karamete, and E. Mestreau, 2016. "Capstone: A Geometry-Centric Platform to Enable Physics-Based Simulation and System Design." *Computing in Science & Engineering*, 18: 7.

Ford Media, 2014. "Ford Increases Virtual Crash Computing Power, Helping to Ensure Customer Safety." Ford Media Center. Accessed March 10, 2014. https://media.ford.com/content/fordmedia/fna/us/en/news/2014/03/10/ford-increases-virtual-crash-computing-power.html.

Gray, Alexander W., Douglas T. Rigterink, and Peter McCauley, 2017. "Point-Based Versus Set-Based Design Method for Robust Ship Design." *Naval Engineers Journal* 129 (2): 14.

Gray, Alexander W., and Douglas T. Rigterink, 2018. "Set-Based Design Impacts on Naval Ship Upgradability." *Naval Engineers Journal* 130 (3): 117–125.

Green, B.E., R.M. Czerwiec, T.C. Shafer, and M.K. Rhinehart, 2018. "CFD Predictions of the Stability and Control Characteristics of the E-2D Advanced Hawkeye AIAA 2018-2993." *AIAA Aviation Forum, Applied Aerodynamics Conference*. Atlanta, Ga.

Green, B.E., and D.B. Findlay, 2017. "CFD Analysis of Maneuvering F/A-18E Super Hornet AIAA 2017-0969." *AIAA SciTech Forum, 55th AIAA Aerospace Sciences Meeting*. Grapevine, Texas.

Hariharan, Nathan, Andrew Wissink, Mark Potsdam, and Roger Strawn, 2016. "First-Principles Physics-Based Rotorcraft Flowfield Simulation Using HPCMP CREATE-AV Helios." *Computing in Science & Engineering* 18 (6): 9.

Hendrix, Jerry, and Benjamin Armstrong, 2016. "The Presence Problem: Naval Presence and National Strategy." Center for a New American Security. www.cnas.org/publications/reports/the-presence-problem-naval-presence-and-national-strategy/.

Jones, Matthew D., et al., 2017. *Blue Waters Workload Analysis Final Report 2017*. https://arxiv.org/ftp/arxiv/papers/1703/1703.00924.pdf/.

Kim, Sung-Eun, H. Shan, R. Miller, B. Rhee, A. Vargas, S. Aram, and J. Gorski, 2017. "A Scalable and Extensible Computational Fluid Dynamics Software Framework for Ship Hydrodynamics Applications: NavyFOAM." *Computing in Science & Engineering* 19 (6): 33–39.

Lange, Tom, 2009. "Case Study—Procter & Gambles's Story of Suds, Soaps, Simulations and Supercomputers." Council of Competitiveness. www.compete.org/storage/images/uploads/File/PDF%20Files/HPC_PG_072809_A.pdf.

Lynch, Larry, Christopher Goodin, Kevin Walker, Jody Priddy, and Michael Puhr, 2017. "HPCMP CREATE-GV: Supporting Ground Vehicle Acquisition." *Computing in Science & Engineering* 19 (6): 27–32.

McDaniel, David, R.H. Nichols, T.A. Eymann, R.E. Starr, and S.A. Morton, 2016. "Accuracy and Performance Improvements to Kestrel's Near-Body Flow Solver." *54th AIAA Aerospace Meeting. Vol AIAA 2016-1051*. San Diego, Calif: American Institute of Aeronautics and Astronautics.

McDaniel, David R., and Todd R. Tuckey, 2020. "HPCMP CREATE—AV Kestrel: New and Emerging Capabilities AIAA 2020-1525." *AIAA SciTech Forum* 21. Orlando, Fla: American Institute of Aeronautics and Astronautics.

McGrath, Bryan O., 2011. "The Necessity of Dominant American Sea Power." *United States Naval Institute Proceedings* 137 (1): 48–53 www.usni.org/magazines/proceedings/2011/january/necessity-dominant-american-sea-power.

Meadowcroft, E. T., and R. Jain, 2016. "Improvements to Tandem-Rotor H-47 Helicopter Coupled CFD-CSD Full Aircraft Model." *American Helicopter Society 72nd Annual Forum*. West Palm Beach, Fla.

Miller, Loren, 2010. "Simulation-Based Engineering for Industrial Competitive Advantage." *Computing in Science & Engineering* 12: 14–21.

Min, B.Y., P.O. Bowles, A.F. Dunn, D.W. Lamb, C. Lian, J. Frydman, M. Kalauskas, B.E. Wake, S. Neerarambam, J.R. Forsythe, R.W. Powers, J. Allen, B. Jayaraman, N. Joshi, and N. Becker, 2021. *Study of Exhaust Gas Re-ingestion*. 59th AIAA SciTech Forum, Virtual Event.

Moore, Geoffrey A., 2013. *Crossing The Chasm, Marketing and Selling Disruptive Products to Mainstream Customers*. New York: Harper Business.

Morton, Scott., D. McDaniel, R. Sears, B. Tillman, and T. Tuckey, 2009. "Kestrel—A Fixed Wing Virtual Aircraft Product of the CREATE Program." *47th AIAA Aerospace Sciences Conference*. Orlando, Fla.: American Institute of Aeronautics and Astronautics.

Moyer, E. Thomas, J. Stergiou, G.M. Reese, and N.N. Abboud, 2016. "Navy Enhanced Sierra Mechanics (NESM): Toolbox for Predicting Navy Shock and Damage." *Computing in Science & Engineering* 18: 10.

Narducci, Robert, 2015. "Industry Assessment of HPCMP CREATE-AV Helios, AIAA 2015-0553." *53rd AIAA Aerospace Sciences Meeting*. Kissimmee, Fla: American Institute of Aeronautics and Astronautics.

O'Brien, D.M., and C.E. Hamm, 2016a. "Integrating Modeling and Simulation into an Acquisition Process: Helicopter Mission Assessment." *American Helicopter Society Technical Meeting on Aeromechanics Design for Vertical Lift*. San Francisco, Calif.

O'Brien, D.M., 2016b. "Application of CREATE-AV Helios to Predict CH-47 Dynamic Blade Loads." *54th AIAA SciTech Forum*. San Diego, Calif.

Paquin, R., and K. Prouty, 2014. *The Value of Virtual Simulation Versus Traditional Methods*. Aberdeen Group. www.solidworks.com/sw/docs/10032-RR-Virtual-Simulation-Software.pdf.

Poloyoway, Andy, and Matt Castanier, 2017. "Implementation of Clustering Analysis in Engineered Resilient Systems Tools for Enhanced Trade Space Exploration of Military Ground Vehicles." *NDIA Systems Engineering Conference*. Springfield, Virg. https://ndiastorage.blob.core.usgovcloudapi.net/ndia/2017/systems/Thursday/Track3/19712_Pokoyoway.pdf/.

Priddy, Jody D., 2017. "Computational Research and Engineering Acquisition Tools and Environments—Ground Vehicles (CREATE-GV)." *NDIA Systems Engineering Conference*. Springfield, Virg. https://ndiastorage.blob.core.usgovcloudapi.net/ndia/2017/systems/Wednesday/Track4/19704_Goodin_Priddy.pdf.

Rigterink, Douglas, 2017. "Network Surface Combatant RSDE Pilot Study." *NDIA Systems Engineering Conference*. Springfield, Virg. https://ndiastorage.blob.core.usgovcloudapi.net/ndia/2017/systems/Wednesday/Track4/19753_Rigterink.pdf/.

Sawyer, J. S., 1962. "The Physics of Weather Forecasting." *British Journal of Applied Physics* 13: 380–383.

Stookesberry, David, 2015. "An Industry Assesment of CREATE-AV Kestrel Vol. AIAA 2015-0039." *53rd AIAA Aerospace Sciences Meeting*. Kissimmee, Fla.: American Institute of Aeronautics and Astronautics.

Wicker, Roger, Jerry Hendrix, 2018. "How to Make the U.S. Navy Great Again." *The National Interest*. https://nationalinterest.org/print/feature/how-make-the-us-navy-great-again-25445.

Wilson, Wes, T. Quezon, V. Trinh, C. Sarles, J. Li, and J. Gorski, 2016. "HPCMP CREATE-SH Integrated Hydrodynamic Design Environment." *Computing in Science & Engineering* 18 (6): 47–56.

Wilson, Wesley, R. Keawe Van Eseltine, Jun Li, and Joseph Gorski, 2017. "CREATE-SH IHDE: Workflow Process Improvements for Hydrodynamics Characterization of Ship Designs." 20th NDIA Systems Engineering Conference. Springfield, Virg. https://ndiastorage.blob.core.usgovcloudapi.net/ndia/2017/systems/Thursday/Track4/19800_Wilson.pdf.

Wissink, Andrew, R. Jain, V. Lakshminarayan, and J. Sitaraman, 2020. "Automated Meshing Enhancements in HPCMP CREATE-AV Helios v10 AIAA-2020-1527." *58th AIAA Science and Technology Forum*. Orlando, Fla: American Institute of Aeronautics and Astronatics.

Wissink, Andrew, W. Staruk, S. Tran, B. Roget, B. Jayaraman, J. Sitaraman, and V. Lakshminarayan, 2019. "Overview of New Capabilities in Helios Version 9.0 AIAA 2019-0839." *AIAA Scitech 2019 Forum*. San Diego, Calif.: American Institute of Aeronautics and Astronautics.

## 第6章

Carver, J.C., N.P. Chue Hong, and G.K. Thiruvathukal, 2017. *Software Engineering for Science*. Boca Raton, Fla: CRC Press.

Cummings, R.M., W.H. Mason, S.A. Morton, and D.R. McDaniel, 2015. *Applied*

*Computational Aerodynamics: A Modern Engineering Approach*. New York: Cambridge University Press.

Heilmeier, George H., 1992. "Heilmeier Catechism." www.darpa.mil/work-with-us/heilmeier-catechism.

Kim, W., J. Yoo, Z. Chen, S.H. Rhee, H.R. Chi, and H. Ahn, 2009. "Hydro- and Aerodynamic Analysis for the Design of a Sailing Yacht." *Journal of Marine Science and Technology* 15 (April 2009): 230–241.

Machiavelli, Niccoló, 1947. *The Prince*. Volume 6. London: Appleton-Century-Crofts.

Martins, H., Y.B. Dias, and S. Kahanna, 2016. "What Makes Some Silicon Valley Companies So Successful." *Harvard Business Review*. https://hbr.org/2016/04/what-makes-some-silicon-valley-companies-so-successful.

Miller, Loren, 2010. "Simulation-Based Engineering for Industrial Competitive Advantage." *Computing in Science & Engineering* 12: 14–21.

Miller, Loren, 2017. "Product Innovation Through Computational Prototypes and Supercomputing." *Computing in Science & Engineering* 19 (6): 9–17.

Moore, Geoffrey A., 2013. *Crossing The Chasm, Marketing and Selling Disruptive Products to Mainstream Customers*. New York: Harper Business.

Post, D.E., and R.P. Kendall, 2004. "Software Project Management and Quality Engineering Practices for Complex, Coupled MultiPhysics, Massively Parallel Computational Simulations." *International Journal of High Performance Computing Applications* 18 (4): 399–416.

## 第7章

Alley, R.B., K.A. Emanuel, and F. Zhand, 2019. "Advances in Weather Prediction." *Science* 363 (6425): 342–344.

DevOps, 2020. "What is DevOps?" *Atlassian*. www.atlassian.com/devops/what-is-devops.

Dey, Saikat, R.M. Aubry, B.K. Karamete, and E. Mestreau, 2016. "Capstone: A Geometry-Centric Platform to Enable Physics-Based Simulation and System Design." *Computing in Science & Engineering*, 18: 7.

Hallissy, B.P., J.P. Laiosa, T.C. Shafer, D.H. Hine, J.R. Forsythe, and J. Abras, 2016. "HPCMP CREATE-AV Quality Assurance: Lessons Learned by Validating and Supporting Computation-Based Engineering Software." *Computing in Science & Engineering* 18: 11.

McConnell, Steven, 2010. "What Does 10x Mean? Measuring Variations in Programmer Productivity." In *Making Software*, edited by Andy Oram and Greg Wilson. Sebastopol, Calif.: O'Reilly Media.

NRC, 2012. *National Research Council: Assessing the Reliability of Complex Models: Mathematical and Statistical Foundations of Verification, Validation, and Uncertainty Quantification*. Washington, DC: National Academies Press.

https://doi.org/10.17226/13395.
Oberkampf, William, and Timothy Trucano, 2002. "Verification and Validation in Computational Fluid Mechanics." *Progress in Aerospace Studies* 38: 209–272.
Oberkampf, W.L., and C.J. Roy, 2010. *Verification and Validation in Scientific Computing*. Cambridge, U.K.: Cambridge University Press.
Roache, Patrick J., 1998. *Verification and Validation in Computational Science and Engineering*. Albuquerque, N.M.: Hermosa Publishers.
Schumpter, 2020. "Why Companies Struggle with Recalcitrant IT." *The Economist* 57. July 18, 2020.
Schwaber, Ken. 2004, *Agile Project Management with Scrum*, Microsoft Press.
Stern, A.D. Grinspoon, 2018. *Chasing New Horizons: Inside the Epic First Mission to Pluto*. New York: Picador.
STIG, 2020. *Security Technical Implementation Guide*. public.cyber.mil/stigs.
Trunk Based Development. 2021. https://trunkbaseddevelopment.com.
Wilson, Greg, et al., 2014. "Best Practices for Scientific Computing." *PLoS Biology* 12: 7.

## 第8章

Boehm, B.W., 1988. "A Spiral Model of Software Development and Enhancement." *Computer* 21: 61–72.
Boehm, Barry, 1989. "Software Risk Management." *Proceedings of 2nd European Software Engineering Conference*. C. Ghezzi, J.A. McDermid. doi:10.1007/3-540-51635-2_29.
Boehm, Barry, and Richard Turner, 2003. *Balancing Agility and Discipline*. Boston: Addison-Wesley.
Carver, J.C., N.P. Chue Hong, and G.K. Thiruvathukal, 2017. *Software Engineering for Science*. Boca Raton, Fla: CRC Press.
DeMarco, Tom, 1997. *The Deadline*. New York: Dorset House Publishing.
DeMarco, Tom, and Timothy Lister, 2003. *Waltzing with Bears, Managing Risk on Software Projects*. New York: Dorset House Publishing.
DFARS, 2020. www.acquisition.gov/dfars.
DSB (Defense Science Board), 1987. "Report of the Defense Science Board Task Force on Military Software-F. Brooks Chair." Accession Number DA188561. https://apps.dtic.mil/dtic/tr/fulltext/u2/a188561.pdf.
Fryxell, B., K. Olson, P. Ricker, F.X. Timmes, M. Zingale, D.Q. Lamb, P. MacNeice, R. Rosner, J.W. Truran, and H. Tufo, 2000. "FLASH: An Adaptive Mesh Hydrodynamics Code for Modeling Astrophysical Thermonuclear Flashes." *Astrophysical Journal Supplement Series* 131: 273–334.
Glen, Paul, 2003. *Leading Geeks: How to Manage and Lead People Who Deliver Technology*. San Francisco, Calif.: Jossey-Bass.
Jenkins, 2020. "Jenkins Overview." www.tutorialspoint.com/jenkins/jenkins_overview-htm.

Kendall, Richard, D.E. Post, J.C. Carver, D.B. Henderson, D.A. Fisher, 2007. *A Proposed Taxonomy for Software Development Risks for High-Performance Computing (HPC) Scientific/Engineering Applications*. Pittsburgh, Penn.: Carnegie Mellon University Software Engineering Institute.

Kendall, Richard, L.G. Votta, D.E. Post, C.A. Atwood, N. Hariharan, S.A. Morton, M. Gilbert, E.T. Moyer, et al., 2016. "Risk-Based Software Development Practices for CREATE Multiphysics HPC Software Applications." *Computing in Science & Engineering* 18: 11.

Lamb, D.Q., A. Dubey, P. Tzeferacos, et al., 2011. "Flash Center Code Group, Flash 4.6.2." University of Chicago. http://flash.uchicago.edu/site/flashcode/.

McQuade, J.M., and R.M. Murray, 2019. "Defense Innovation Board Report on Software Acquisition and Practices." https://media.defense.gov/2019/may/01/2002126690/-1/-1/0/swap%20executive%20summary.pdf.

Montgomery, Hugh, 2010. *Bureaucratic Nirvana: Life in the Center of the Box, Gaining Peace, Enlightenment & Potential Funding in the Pentagon R&D Bureaucracy*. Arlington, Virg.: Potomac Institute Press.

Mule, Joe, Gerald Sandler, and Steven Burns, 1968. "NASTRAN: NAsa STRucture ANalysis." www.mscsoftware.com/product/msc-nastran.

Post, D.E., and R.P. Kendall, 2004. "Software Project Management and Quality Engineering Practices for Complex, Coupled MultiPhysics, Massively Parallel Computational Simulations." *International Journal of High Performance Computing Applications* 18 (4): 399–416.

## 第 9 章

Ambler, Scott and Mark Lines 2012. *Disciplined Agile Delivery: A Practitioner's Guide to Agile Software Delivery in the Enterprise*. New York: IBM Press.

Boehm, Barry. 2003. "Using risk to balance agile and plan-driven methods." *Computer* 36 (6): 57–66. DOI: 10.1109/MC.2003.1204376.

Brooks, Federick, 2010. *The Design of Design: Essays from a Computer Scientist*. Boston: Pearson Education.

DevOps, 2020. "What is DevOps?" *Atlassian*. www.atlassian.com/devops/what-is-devops.

DoD5000, 2011. "DoD Instruction 5000.64." www.acq.osd.mil/pepolicy/pdfs/500064p.pdf.

DSB (Defense Science Board), 2018. "Design and Acquisition of Software for Defense Systems." Department of Defense. https://dsb.cto.mil/reports/2010s/DSB_SWA_Report_FINALdelivered2-21-2018.pdf.

Kanban, 2020. "Kanban, A Brief Introduction." *Atlassian*. https://www.atlassian.com/agile/kanban.

Kendall, R.P., L.G. Votta, D.E. Post, E.T. Moyer, and S.A. Morton, 2017. "Verification and Validation in CREATE Multi-physics HPC Software Applications."

*Computing in Science & Engineering* 19 (6): 18–26.
NRC, 2012. *National Research Council: Assessing the Reliability of Complex Models: Mathematical and Statistical Foundations of Verification, Validation, and Uncertainty Quantification*. Washington, DC: National Academies Press. www.nap.edu https://doi.org/10.17226/13395.
Post, D.E., and R.P. Kendall, 2004. "Software Project Management and Quality Engineering Practices for Complex, Coupled MultiPhysics, Massively Parallel Computational Simulations." *International Journal of High Performance Computing Applications* 18 (4): 399–416.
SAFe, 2018. "Annual State of Agile Report." VersionOne. www.scaledagileframework.com/blog/12th-annual-state-of-agile-report-validates-the-direction-of-safe.
Schwaber, Ken, 2004. *Agile Project Management with Scrum*. Redmond, Washington: Microsoft Press.

## 第10章

Carver, J.C., N.P. Chue Hong, and G.K. Thiruvathukal, 2017. *Software Engineering for Science*. Boca Raton, Fla: CRC Press.
DSB (Defense Science Board), 2018. "Design and Acquisition of Software for Defense Systems." Department of Defense. https://dsb.cto.mil/reports/2010s/DSB_SWA_Report_FINALdelivered2-21-2018.pdf.
FAA, 2017. "Software Approval Guidelines." U.S.Department of Transportation. Washington DC: Federal Aviation Administration.
gnu, 2020. https://gcc.gnu.org/onlinedocs/gcc/.
Gorski, J., and S. Brewton, 2012. "The Evolving Landscape of Ship Hydrodynamics Simulations." *Marine Technology* 49 (3): 13–17.
IEEE, 1987. *IEEE Standard for Software Unit Testing*. IEEE.
Kendall, R.P., L.G. Votta, D.E. Post, E.T. Moyer, and S.A. Morton, 2017. "Verification and Validation in CREATE Multi-physics HPC Software Applications." *Computing in Science & Engineering* 19 (6): 18–26.
NASA, 2020. "NASA Turbulence Models." https://turbmodels.larc.nasa.gov.
NRC, 2012. *National Research Council: Assessing the Reliability of Complex Models: Mathematical and Statistical Foundations of Verification, Validation, and Uncertainty Quantification*. Washington, DC: National Academies Press. www.nap.edu https://doi.org/10.17226/13395.
Oberkampf, W.L., and C.J. Roy, 2010. *Verification and Validation in Scientific Computing*. Cambridge, U.K.: Cambridge University Press.
STIG, 2020. *Security Technical Implementation Guide*. www.public.cyber.mil/stigs.

## 第11章

DFARS, 2020. www.acquisition.gov/dfars/.

Drucker, P., 1959. *Landmarks of Tomorrow*. New York: HarperCollins Publishers.
Glen, Paul, 2003. *Leading Geeks: How to Manage and Lead People Who Deliver Technology*. San Francisco, Calif.: Jossey-Bass.
Insights, 2018. "stackoverflow Developer Survey Results." https://Insights.stackoverflow.com/survey/2018/.
Klug, M., and J. Begrow, 2016. "Understanding Group Dynamics and Success of Teams." www.ncbi.nlm.nih.gov/pmc/articles/PMC4852640/.
Lamb, D.Q., A. Dubey, P. Tzeferacos, et al., 2011. "Flash Center Code Group, Flash 4.6.2." University of Chicago. http://flash.uchicago.edu/site/flashcode/.
McConnell, Steven, 2010. "What Does 10x Mean? Measuring Variations in Programmer Productivity." In *Making Software,* edited by Andy Oram and Greg Wilson. Sebastopol, Calif.: O'Reilly Media.
Mladkova, L., et al, 2015. "Motivation and Knowledge Workers." In *11th Annual Strategic Management Conference*. Vol. 207. Amsterdam NX, Elsevier: 768–776.
Nichols, W.R., 2019. "The End to the Myth of Individual Programmer Productivity." *IEEE Software* (September/October): 6–15.
STIG, 2020. *Security Technical Implementation Guide*. www.public.cyber.mil/stigs.
Weinberg, Gerald M., 1998. *The Psychology of Computer Programming, Silver Anniversary Edition*. New York: Dorset House Publishing.
Workfront, 2017. "What Motivates Knowledge Workers." www.workfront.com/resources/what-motivates-knowledge-workers.

## 第 12 章

Bonello, K., 2015. "GM's Using Simulated Crashes to Build Safer Cars." CondeNast. www.wired.com/2015/04/gms-using-simulated-crashes-build-safer-cars.
Coleman, Hugh W., and W.G. Steele, 2009. *Experimentation, Validation, and Uncertainty Analysis for Engineers*. Hoboken, N.J.: John Wiley and Sons.
Council on Competitiveness, 2005. "Auto Crash Safety: It's Not Just for Dummies." www.compete.org.
DARPA, 2020. "DARPA Electronics Resurgence Initiative." www.darpa.mil/work-with-us/electronics-resurgence-initiative.
DSB (Defense Science Board), 2016. "DSB Summer Study on Autonomy." https://fas.org/irp/agency/dod/dsb/autonomy-ss.pdf.
Dyson, George, 2012. *Turing's Cathedral: The Origins of the Digital Universe*. New York: Vintage.
Forrester, I.J., A. Sobester, and A.J., Keane, 2008. *Engineering Design via Surrogate Modeling: A Practical Guide*. Reston, Virg.: AIAA, Wiley and Sons.
Fuller, S.H., and L.I. Millett, 2011. *The Future of Computing Performance: Game Over or Next Level?* Washington, DC: National Academy of Sciences.
Karniadakis, 2020. "Physics-Informed Neural Networks PINNs and Applications." www.brown.edu/research/projects/crunch/home.

Keyes, David, 2011. "Exaflop/s: The Why and the How." *Comptes Rendus Mecanique* 339: 70–77.

Kraft, E.M., 2015. "HPCMP CREATE-AV and the Air Force Digital Thread-AIAA 2015-0042." In *AIAA SciTech, 53rd AIAA Aerospace Sciences Meeting*. Kissimmee, Fla.: American Institute of Aeronautics and Astronautics.

Kraft, E.M., 2016. "The U.S. Air Force Digital Thread/Digital Twin—Life Cycle Integration and Use of Computational and Experimental Knowledge—AIAA 2016-0897." In *AIAA SciTech-54th AIAA Aerospace Sciences Meeting*. San Diego, Calif.: American Institute of Aeronautics and Astronautics.

Kraft, Edward M., 2019. "Value-Creating Decision Analytics in a Lifecycle Digital Engineering Environment 2019–1364." *AIAA SciTech Forum*. San Diego, Calif.: American Institute of Aeronautics and Astronautics.

Kusan, K., T. Iju, Y. Bamba, and S. Inoue, 2020. "A Physics-Based Method That Can Predict Imminent Large Solar Flares." *Science* 369: 587–591.

Laughlin, Robert B., 2002. "The Physical Basis of Computability." *Computing in Science & Engineering* 4: 4.

Martinez, D., et al., 2020. "Machine Learning Based Aerodynamic Models for Rotor Blades." Vertical Flight Society Transformative Vertical Flight Meeting, Jan 2020.

Mayo Clinic, 2018. kenburns.com/films/the-mayo-clinic.

McDaniel, David R., and Todd R. Tuckey, 2020. "HPCMP CREATE-AV Kestrel: New and Emerging Capabilities AIAA 2020-1525." *AIAA SciTech Forum* 21. Orlando, Fla: American Institute of Aeronautics and Astronautics.

Messina, Paul, 2017. "The Exascale Computing Project." *Computing in Science & Engineering* 19: 5.

Moore, Gordon E., 1965. "Cramming More Components onto Integrated Circuits." *Electronics*: 114–117.

Morton, S.A., D.R. McDaniel, H.A. Carlson, R.R. Schutt, and R. Verberg, 2017. "AIAA 2017-4237 CFD-Based Reduced-Order Modeling of the F-16XL." In *AIAA AVIATION Forum, 35th AIAA Applied Aerodynamics Conference*. Denver Co.: AIAA.

Morton, Scott., D. McDaniel, R. Sears, B. Tillman, and T. Tuckey, 2009. "Kestrel—A Fixed Wing Virtual Aircraft Product of the CREATE Program." *47th AIAA Aerospace Sciences Conference*. Orlando, Fla.: American Institute of Aeronautics and Astronautics.

NRC, 2012. *National Research Council: Assessing the Reliability of Complex Models: Mathematical and Statistical Foundations of Verification, Validation, and Uncertainty Quantification*. Washington, DC: National Academies Press. www.nap.edu https://doi.org/10.17226/13395.

Rigterink, Douglas, 2017. "Network Surface Combatant RSDE Pilot Study." *NDIA Systems Engineering Conference*. Springfield, Virg. https://ndiastorage.blob.core.

usgovcloudapi.net/ndia/2017/systems/Wednesday/Track4/19753_Rigterink.pdf/.
Sandle, Tim, 2020. "Pharmaceutical Microbiology." www.pharmamicroresources.com.
Sandler, Niklas, 2015. "3D Printing Drugs." www.youtube.com/watch?v=kfhyNZY9Idk.
Shafer, Theresa, 2020. "CREATE-AV UAV Success Story TR20-001." In *DoD HPCMP Technical Reports*, edited by R. Meakin. Lorton, Virg.: U.S. Department of Defense High Performance Computing Modernization Program.
VA, 2020. "A History of Electronic Health." https://www.va.gov/records/.